空间规划(多规合一)百问百答

樊 森 主编

陕西新华出版传媒集团
陕西科学技术出版社
Shaanxi Science And Technology Press

图书在版编目(CIP)数据

空间规划(多规合一)百问百答/ 樊森主编. —西安：陕西科学技术出版社，2018.6

ISBN 978-7-5369-7290-2

Ⅰ.①空… Ⅱ.①樊… Ⅲ.①空间规划—问题解答 Ⅳ.①TU984.11-44

中国版本图书馆CIP数据核字(2018)第097456号

空间规划(多规合一)百问百答

樊　森　主编

责任编辑　马　莹

封面设计　朵云文化

出版者　陕西新华出版传媒集团　陕西科学技术出版社

西安北大街131号　邮编710003

电话(029)87211894　传真(029)87218236

http://www.snstp.com

发行者　陕西新华出版传媒集团　陕西科学技术出版社

电话(029)87212206　87260001

印　刷　陕西金和印务有限公司

规　格　787mm×1092mm　16开本

印　张　11

字　数　110千字

版　次　2018年6月第1版

2018年6月第1次印刷

书　号　ISBN 978-7-5369-7290-2

定　价　36.00元

编委会名单

主　编　樊　森

编　委　王伟军　叶　帅　曾　瑜　李　武　何治元

王苗苗　齐　睿　郭广涛　祝盼盼　杜　寅

吴　君　韩晓明　吴俊强

前 言 Preface

为了深化规划体制改革，以主体功能区规划为基础统筹各类空间性规划、推进“多规合一”的战略部署，建立全国统一、相互衔接、分级管理的空间规划体系，实现主体功能区战略格局在市县层面精准落地，落实空间用途管制，优化国土空间结构，健全国土空间开发保护制度。中研智业集团近年来深耕空间规划（多规合一）专业领域，在系统学习积累、多个项目试点实践的基础上，面向政府客户、业界同仁及相关专业技术人员，征询、收集、整理空间规划（多规合一）相关基础和专业的不解、困惑或疑难问题，并通过系统梳理、认真钻研，形成《空间规划（多规合一）百问百答》拙浅之作，望能为此领域深化改革，为此项工作顺利开展尽绵薄之力，也希望对专业研究和从业者有所帮助。

《空间规划（多规合一）百问百答》分基础理论篇、技术研究篇和实施推进篇，三个篇章，共涉及143个问题。其中，基础理论篇是基础内容，重点回答了空间规划、“多规合一”的由来、目的意义及如何正确理解认识空间规划；技术研究篇是主体内容，重点从总的技术路线入手，然后分别从两个评价、“三区三线”划定、一张图构建、数据库及信息平台建设方面回答了各个环节的技术路径和过程内容；实施推进篇是保障，重点回答了此项工作的实施开展、工作推进、体制机制创新等相关实践操作层面的问题。

由于此项工作在全国仍处于研究和试点阶段，诸多方面尚未完全定性和成熟，不足和错误之处望各位批评指正，并及时反馈回复，以便进一步研究讨论。《空间规划（多规合一）百问百答》问题及解答仍在征集中，欢迎参与，欢迎提供问题线索。

樊 森

2018 年 4 月

目 录 Contents

基础理论篇

技术研究篇

实施推进篇

附录

基础理论篇

1. 如何理解规划？

答：规划产生的历史渊源、理论概念等在诸多教科书中已有较多论述，在此不再赘述。简而言之，规划就是为实现既定目标而预先安排行动步骤并不断辅助实施的过程。其以谋划、谋略、统筹、计划、安排、行动等形式伴随着人类及经济社会的发展而发展，始终前瞻远谋、约束、规范并指导发展。规划按照行政层级、性质及功能，可简要地分为"三级、三层、三类"，即：国家级、省级和市县级规划，宏观规划、中观规划和微观规划，发展类规划、空间类规划和专项类规划。总之，规划既是目标方向、谋划计划，也是实施过程；既是引领指导，也是约束规范。

2. 如何认识规划的意义？

答：习近平总书记非常重视规划，视察多地规划及规划展馆，亲自指导北京市城市总体规划修编，并旗帜鲜明地提出："一个城市首先看规划，规划科学是最大的效益、规划失误是最大的浪费，规划折腾是最大的忌讳。"规划是发展的龙头，是政府履行职能的重要手段，是科学决策、持续发展的保障，是规避决策风险的重要方式，规划是一门科学、一个系统，更是一门艺术。科学发展，规划先行，规划形式的决策咨询制度是保障我国经济社会健康持续发展的重要制度。

3. 规划领域当前存在的主要问题是什么?

答:对于以上现象,从规划本身客观分析,存在的主要问题有:一是繁杂混乱。各类规划繁多,规划体系庞杂、性质属性界定不明,层次不清、上下关系混乱;二是不易协调。各类规划规出多门、各自为政且部门职责交叉、重叠冲突,存在政策法规不一、技术标准不同的问题,不易协调;三是难以管理。各类规划的规划期限、规划目标、规划指标、规划技术标准、规划空间管控、规划用地分类、规划行政边界等均存在不同,很难统一、科学地进行管理;四是朝令夕改。一些地方的规划存在朝令夕改、有法不依、有规不执、规划换届等现象。总之,当前各类规划中存在体系混乱、层次不清,规划矛盾冲突、空间管理难以统一,同类规划上行下效,部门规划相互矛盾、专项规划各行其是,规划期与领导干部任期不一致,特别是空间规划、建设规划与发展规划互不衔接,致使规划出现编制难、实施难、考核难的"三难"困局。

4. 产生目前规划问题的主要原因是什么?

答:规划乱象丛生,积重难返,所折射出的盲目发展、无序发展问题严重,在当前及未来发展环境的要求下必须革弊立新。造成规划现实问题的原因是多方面、多层次和长期积累形成的,可归纳为以下几个主要原因:

(1)体制制度因素:规划立法及空间规划立法滞后,空间统筹管控乏力,部门职能割裂、重叠交叉,管理条块分割,法规标准体系各异，导致规划的约束性和刚性不强、协调统一困难。

(2)权利导向因素：我国历来权利意识、长官意识、家长意识浓厚，有时候权利会成为规划的指挥棒，造成规划朝令夕改、权移规变、人走规废的情况偶有发生。

(3)利益导向因素：规划与投资建设利益复杂交错，使得规划的公共利益属性衰减，更多代表了私人利益或政绩利益。

(4)技术手段因素：规划的技术手段滞后，空间管控的技术创新不足，传统的、人为的方式无法实现有效的科学管控，无法规避人为主观因素的影响。

5. 规划领域现存问题的解决路径在哪里?

答：党的十九大后，我国发展进入了新时代，踏上了新征程，形成了新思想，提出了新要求。既往发展方式导致在规划过程中出现的问题已不容忽视，其成因也无法回避。传统规划方式方法、体系路径不能解决诸多实际问题，规划必须溯本清源、回归本质，从意识宗旨、认识本质到顶层设计、体系规范和手段方法等全面系统解决问题。结合以上关于规划领域现存问题的分析，本着问题导向的思想，解决规划问题的路径主要有：

从体制机制上，深化空间规划改革，通过制度创新，推进空间规划立法，优化组织管理体系，解决空间规划有效管控，实现"多规合一"的顶层设计问题。

从体系规范上,重构规划体系,通过统一规划的结构、层次、属性、职能和性质,制定基础法规标准,形成良好的空间规划体系。

从手段方式上,推进"多规合一",通过空间规划"三区三线"划定形成规划底图,再通过落入各类空间规划图层,形成"一张蓝图",科学有效地解决规划的冲突矛盾等现实问题。

从目的目标上,实现有效管控,通过"三区三线"空间管控,最终形成"一张蓝图",有效实现空间边界和规模的管控,确保"一张蓝图干到底"。

6."多规合一"什么时候提出来并经历了怎么样的历程?

答:早在 2003 年 10 月,国家发展和改革委员会(以下简称"国家发改委")启动在苏州市、宜宾市、宁波市等 6 个规划体制改革试点,将国民经济和社会发展规划、城市总体规划、土地利用规划 3 个规划落实到一个共同的空间规划平台上。之后上海市、广州市、武汉市等城市相继开展"两规合一""三规合一",同时部分城市进行了规划国土部门的合并。2013 年 11 月,空间规划体系改革纳入十八届三中全会《关于全面深化改革若干重大问题的决定》。2013 年 12 月,习近平总书记在中央城镇化工作会议上进一步要求,积极推进市、县规划体制改革,探索能够实现"多规合一"的方式方法,实现一个市县一本规划、一张蓝图，并以这个为基础，把一张蓝图干到底。2014 年 8 月，国家发改委、国土资源部（以下简称“国土部”）、环境保护部（以下简称“环保部”）、住房和城乡建设部（以下简称“住建部”）四部委联合下发《关于开展市县“多规合一”试点工作的通知》，明确了开展试点的主要任务及措施，并提出在全国 28 个市县开展“多规合一”试点。到目前为止，国家也召开了多次会议，相继出台了多项涉及空间规划体制改革和“多规合一”的政策文件，尤其 2016 年 12 月，中共中央办公厅（以下简称“中办”）、国务院办公厅（以下简称“国办”）出台《省级空间规划试点方案》，将“多规合一”工作推向了更深和更高层面（相关的政策梳理在后边问题中进行说明）。

纵观我国“多规合一”发展历程，梳理其政策背景，结合目前的实际推进状态，我们认为这项工作总体仍然处于试点阶段。具体分为 3 个阶段：探索试点阶段（2003—2012 年）、正式试点阶段（2013—2015 年）、深化试点阶段（2016 年至今）。如果说 2003 年探索试点阶段可以定义为“多规合一”1.0，那么后两个阶段升级为 2.0 和 3.0。目前处于“多规合一”3.0 阶段，但仍然属于试点阶段。如果说将整个试点阶段定义为 1.0，那么我国目前“多规合一”工作其实仍然处于试点的 1.0 阶段，还尚未达到全面推广和总结提升的阶段。

7. 什么是“多规合一”?

答:根据2014年国家发改委等四部委《关于开展市县“多规合一”试点工作的通知》要求,推动国民经济和社会发展规划、城乡规划、土地利用规划、生态环境保护规划“多规合一”,形成一个市县一本规划、一张蓝图。因此,“多规合一”普遍的概念解释为:在同一个国土区域空间内,将国民经济和社会发展规划、城乡规划、土地利用规划、生态环境保护规划等多个规划统一且合在一起,实现一个市县(空间区域)一本规划、一张蓝图,解决现有各类规划自成体系、内容冲突、缺乏衔接等问题。

但是非专业或非技术人员仍然对“多规合一”产生诸多疑惑。更通俗地讲,“多规合一”就是将一个地区多个规划通过行政、技术手段进行衔接统一,确保各类规划确定的发展思路、发展定位、发展战略、发展目标定性一致,确保空间边界、规模、开发强度、管控措施等重要空间参数一致,将它们合到一张图上,并在统一的空间信息平台上建立控制线体系,以实现优化空间布局、有效管控空间和配置土地资源、提高政府空间管控水平和治理能力的目标。要更为深入理解“多规合一”,就要进一步理解什么是“多规”,什么是“合一”,“合一”合的是什么、怎么能“合一”,这些概念在后边问题中会进一步说明。

简而言之,“多规合一”就是多个规划叠加合一,实现一个市县一本规划、一张蓝图,并实现“一张蓝图干到底”。

8. 为什么要开展“多规合一”？

答：前边针对目前我国规划领域的现象、问题、原因和解决问题的路径、办法均做了分析说明，也充分说明了开展“多规合一”工作的必要性和紧迫性，进一步梳理总结为：一是开展“多规合一”是现实需要，目前诸多规划不衔接、不协调、不统一、不执行、不管用的问题比较突出，尤其形成了无视规划、轻蔑法规、形式主义、唯权主义和官本主义意识，造成各种消耗与浪费，且盲目发展、无序发展更为严重；二是开展“多规合一”是改革的需要，空间规划改革是十八届三中全会确立的深化改革内容之一。推进市县“多规合一”是十八届中央深化改革领导小组（以下简称“中央深改组”）第二次会议确定的2014年经济体制改革和生态文明体制改革的一项重要任务，要求通过“多规合一”，创新空间规划体制机制，重构空间规划体系；三是开展“多规合一”是发展需要，尤其是在当前新时代、新思想、新要求下，对转变发展方式、提高发展质量等提出了更高更新的要求，传统的规划思维、理念、路径、方法和技术体系等难以适应和指导未来发展的需要。

9. 国家开展“多规合一”试点有什么目的意义？

答：根据2014年国家发改委等四部委发布的《关于开展市县“多规合一”试点工作的通知》中，关于试点的目的、意义表达如下：开展市县空间规划改革试点，推动国民经济和社会发展规划、城乡规划、土地利用规划、生态环境保护规划“多规合一”，形成一个市县一本规划、一张蓝图，是 2014 年中央全面深化改革工作中的一项重要任务。开展市县“多规合一”试点，一是解决市县规划自成体系、内容冲突、缺乏衔接协调等突出问题，保障市县规划有效实施的迫切要求；二是强化政府空间管控能力，实现国土空间集约、高效、可持续利用的重要举措；三是改革政府规划体制，建立统一衔接、功能互补、相互协调的空间规划体系，对于加快转变经济发展方式和优化空间开发模式，坚定不移实施主体功能区制度，促进经济社会与生态环境协调发展都具有重要意义。

10. 国家开展“多规合一”试点有哪些，试点情况如何？

答：2014 年国家发改委等四部委发布《关于开展市县“多规合一”试点工作的通知》，确定了 28 个市县试点，国家发改委、国土部、环保部、住建部分别选定了 7 个市县，按照试点工作的总体要求，督促指导各自选定的试点市县开展工作。

28 个试点市县分别为：辽宁省 1 个（旅顺口区）、黑龙江省 2 个（阿城区、同江市）、江苏省 3 个（淮安市、句容市、姜堰区）、浙江省 3 个（开化县、嘉兴市、德清县）、安徽省 1 个（寿县）、福建省 1 个（厦门市）、江西省 1 个（于都县）、山东省 1 个（桓台县）、河南省 1 个（获嘉县）、湖北省 1 个（鄂州市）、湖南省1个(临湘市)、广东省3个(增城区、四会市、南海区)、广西壮族自治区1个(贺州市)、重庆市1个(江津区)、四川省2个(南溪区、绵竹市)、云南省1个(大理市)、陕西省2个(榆林市、富平县)、甘肃省2个(敦煌市、玉门市)。

关于试点情况可以分为两个阶段来说,第一个阶段为2014—2015年。28个市县试点确定时,国家层面只有试点通知安排,尚无成熟法规和技术标准指导,大家均处于探索研究状态,所以形成了不同路径方法和体系。比如,有以城乡规划引领修编城乡总体规划、编制统筹城乡规划的,有以国民经济和社会发展规划为龙头编制市县经济社会发展战略总体规划的,有以国土规划为基础编制国土空间综合规划的,这些形成了如"一本规划""四个一""五个一""1+5+X""1+7"等不同成果体系。同时,大部分试点完成了多规的叠加合图,发现了多项差异矛盾冲突,进行了用地规模数量及性质冲突协调解决,最终或阶段性形成了一张图。部分进行了平台的建设和运营,并进一步延伸至业务并联审批及智慧城市领域。总体来说,第一阶段试点均取得了一定的成效,尤其2016年2月,在十八届中央深改组第二十一次会议上,习近平总书记在听取了浙江省开化县关于"多规合一"试点推进落实情况汇报后,给予了肯定。

第二个阶段为2016—2017年。第一阶段试点虽取得了成效,通过多规叠加直接发现了各种差异和矛盾的问题,但对于发现的诸多问题本级政府乃至上级也无法解决或难以解决，如涉及法规体制层面以及更高层面的问题更难以马上解决。同时，诸多技术路径方法显然过于迁就于现状，没有真正体现落实主体功能区战略，对空间的科学有效管控约束显然不足，所以总感觉第一阶段的试点走入了死胡同。因此2015 年、2016 年，国家进一步出台了关于“多规合一”的相关政策法规意见，进行了省级层面的空间规划试点，尤其 2016 年 12 月，中办、国办出台了《省级空间规划试点方案》，基于第一阶段“多规合一”试点的总结，基本明确了进行空间规划，推进“多规合一”的总体思想、基本原则、技术路径和重点。从 2016 年下半年到现在，各省、各家的试点技术路径、方法和成果体系基本趋于一致，此项工作试点基本趋于科学、趋于大同、渐趋成熟。关于空间规划的试点情况及技术方法路径等在后边问题中会进行说明。

11.“多规合一”的“多规”到底是几规?

答：前边已经简述了“多规合一”的概念，要进一步理解，首先要说明“多规”到底是几规。回答这个问题也得分两个阶段说。第一阶段，从 2003 年最早探索试点到 2014 年、2015 年，28 个市县试点，“两规合一”“三规合一”“四规合一”“五规合一”“多规合一”等在各市县均有试点和提法。从目前“多规合一”实际试点情况来看，“两规”“三规”甚至“四规”“五规”已无法满足系统性合一和协调衔接的问题。因此，首先“多规合一”基本是“多规”，只是“三规”“四规”“五规”是多规中比较重要的几个规划而已，并不代表其他规划不参与“合一”工作。所以，“多规”应该包含一个市县的所有层、级、类规划内容（关于规划的基本分类在前边已详细说明过）。主要的几类规划包括，国民经济和社会发展五年规划、城乡总体规划、土地利用规划、环境保护规划、产业发展规划、开发区/园区总体规划、文物旅游规划、基础设施规划、林业规划、水利规划、农业规划等。第二阶段，也就是2016年到2017年以来，《省级空间规划试点方案》出台，在第一阶段“多规合一”试点进一步研究和总结经验的基础上，明确了以主体功能区为基础，统筹各类空间性规划，推进“多规合一”战略部署，也就是说“多规”的范围主要为各类空间性规划，并通过“先布棋盘、后落棋子”总体技术路线进行开展。

12.“多规合一”的“合一”是指什么？

答：“多规合一”关键在“合”、重心在“一”。“合”主要是过程，是多规叠加、分析、衔接、协调、处理过程。“一”主要是结果，第一层意思是通过“合”最终保持一致；第二层意思是合到一张图上，形成市县发展的“一张蓝图”（关于什么是“一张蓝图”后边进一步说明）；第三层进一步的意思需要深入到规划体系和法规体制机制问题。“合一”不是加一，也不是融合，“合一”后势必存在有些规划必须减量，而不是存量不变或出现增量，这个问题比较复杂，以后再进一步深入研究探讨，本次侧重进行技术问题的讨论说明。关于“合一”，在此需要重点说明的是,合“多规”的什么内容?上边我们说明“多规”当前主要是指各类空间性规划,但仍与其他规划(如宏观发展类规划和支撑专项类规划等)有关系,由于每类规划的管理范畴和重点不同,所以各类规划“合一”的重点也应该不同。针对不同类规划“合一”的重点为:空间类规划,重点合“边界坐标、规模范围、指标目标”等,实现各类规划的边界规模统一;其他宏观发展类规划,重点是衔接协调“思想、理念、思路、定位、目标、指标、布局及任务”等,实现各类规划的定位目标统一;专项类规划,重点协调衔接“项目的用地、布局、规模”,实现对各类规划项目的梳理支撑及用地边界,属性统一、唯一。

13.“多规”怎么能“合一”?

答:从各类规划的现实情况看,多类规划的期限、目标、思路、定位等均不一致,尤其是空间类规划底图、坐标、范围、界限等基础数据不一致,但国土空间具有唯一性,这就造成很多规划行政边界、规模范围、用地属性等均存在差异和冲突,使得国土空间和各类规划是一本“糊涂账”,给发展造成了很大的困扰。进一步说,不同类规划、不同的技术参数如何“合一”,就像不同血型不能相融一样,这也是“多规合一”的技术难点和复杂之所在。“合一”除了协调衔接、处理统一的行政过程之外,更多的是技术过程、技术路线。通过对2014年第一批28个试点的总结积累,到目前为止,尤其《省级空间规划试点方案》出台，"多规合一"的技术路线日趋成熟，从大致的技术路线上，主要通过3个阶段实现技术性合一。更多的"多规合一"技术路线在后边进一步说明。

统一数字工作底图：统一各类规划的坐标、边界、规模、范围、期限、目标指标、用地分类、管控措施等基础数据，形成数字工作底图。

绘制空间规划底图：在数字工作底图基础上，进行两个评价，划定"三区三线"形成空间规划底图。

构建空间布局总图：在空间规划底图上，实现各类规划叠加，解决冲突差异，统一边界控制，统一目标（指标和规模），形成一张图。

14."多规合一"范围怎么确定？

答：开展市县"多规合一"试点，除了解决市县规划自成体系、内容冲突、缺乏衔接协调等突出问题外，更重要的是强化政府空间管控能力，实现国土空间集约、高效、可持续利用，坚定不移地实施主体功能区制度，促进经济社会与生态环境协调发展。关于"多规合一"的范围到底如何确定，试点通知里没有明确指出，在近几年试点过程中，有些省、市以城乡规划范围为"多规合一"的范围，有些规划的范围不明确，以统筹城乡规划、经济社会发展总体规划代替"多规合一"等。还有部分将"多规合一"的范围从以城乡规划范围扩展到了全域。结合大部分市县开展"多规合一"的实践来看，市县“多规合一”的范围基本为市县全域，进行全域管控，横向到边、纵向到底。从“多规合一”技术层面和实际管控要素上来说，城乡范围仅仅是一张图控制线管控的其中一条线，仅局限于城乡范围就会造成控制要素和控制线过于单一，不能达到进行国土空间有效管控的目的。

15.“多规合一”的中心任务是什么？

答：国家在“十三五”规划建议、国家新型城镇化规划、十八届三中全会、中央深改组会议、中央城镇化工作会议等多个重大规划中和多次中央会议上均要求“一张蓝图干到底”。围绕如何实现“一张蓝图干到底”，2014 年 8 月，国家发改委等四部委开展 28 个市县“多规合一”试点工作。同时，“多规合一”的重心和目标就是构建“一张蓝图”。因此，“多规合一”的中心任务就是围绕构建“一张蓝图”，并且围绕如何实现“一张蓝图干到底”来开展工作，最终实现一个市县一本规划、一张蓝图，并以此为基础，确保“一张蓝图干到底”。如何能确保“一张蓝图干到底”会在后边的问题中会进一步说明。

16. 如何理解“多规合一”一张蓝图？

答：“一张蓝图”的提法和说法由来已久，经常出现在政府的文件报告和领导的讲话中，那为什么就没有实现“一张蓝图干到底”？当前习总书记要求的“一张蓝图”，无论从要求、过程还是技术路线各个方面都与之前所说的“一张蓝图”有着本质的区别。现在所提的“一张蓝图”不是思想意识形态、不是简单的理念要求；不是传统意义上口头、表面形式的宏观蓝图；不是行政地图，不是战略示意图，不是空间布局图；不是画在纸上、挂在墙上、停在嘴上的一张图。现在所提的“一张蓝图”应该是具有明确和统一的边界管控（边界控制线、规模指标）图；是坐标统一、边界统一、规模统一、指标统一、期限统一、技术参数统一、分类办法统一、管控措施统一的一张图；是市、县全域管控的一张图；是在统一了各项基础数据底图基础上，各种领域规划叠加分析、冲突差异解决后的所有规划合图。

17.“多规合一”技术路径是什么？

答：在“多规合一”试点初期，当时开展市县“多规合一”试点的理念认识和出发点更多是侧重解决市县规划自成体系、内容冲突、缺乏衔接协调等突出问题。因此，形成的技术路径为：梳理现状规划—明确“多规”的范围、数量—查找“多规”的差异内容—分析“多规”差异的原因—提出“多规”差异的解决措施—运用 GIS 平台落实建设用地属性的唯一性—完成“一张图”控制线划定—给出相关规划修改建议—搭建平台进行统一审批管理，这是在“多规合一”试点的最初阶段大家普遍理解的“多规合一”技术路径。

但是，经过一段时间试点后发现，以解决多规矛盾差异为思路进行“合一”的路径很难走下去，诸多矛盾冲突牵扯历史问题和背后法规机制问题，致使工作陷入僵局。2016年12月，《省级空间规划试点方案》出台，提出了空间规划的思路、原则，明确了“先布棋盘、后落棋子”技术路线。以两个评价为基础，基于国土本底条件和评价先定格局，各类空间规划跟着大的格局落定。谁有问题自己调整，这样避免了“多规”多部门掐架的问题，从实践效果来看，是比较科学可行的。经过不断的摸索与实践，“多规合一”的技术路径从关注差异协调转为强调空间管控，其技术路径也就调整成为整理统一数据、绘制数字工作底图—开展两个评价—构建空间规划底图（“三区三线”）—明确空间管控措施—落入各类空间图层—绘制空间布局总图。

18. “多规合一”成果体系是什么？

答:经过近年来的试点总结，“多规合一”成果体系经历了比较大的变化。在《省级空间规划试点方案》出台之前，也就是试点初期阶段，各地区的“多规合一”成果体系不尽相同，有的是“1＋6＋2”成果体系（一个技术报告、六张图，两个政策文件），有的是“四个一”成果（一张图、一个平台、一张表、一套机制），有的是“五个一”成果（一张空间布局蓝图、一套基础数据、一套技术标准、一个规划信息管理平台、一套规划管理机制），还有“ 1＋5＋X”“1＋7”等不同成果体系等。2015年印发的《生态文明体制改革总体方案》中提出创新市县空间规划编制方法，规划编制前应当进行资源环境承载能力评价，以评价结果作为规划的基本依据，2016 年 12 月印发的《省级空间规划试点方案》明确要求开展两个评价，编制《空间规划》，搭建信息平台。

“多规合一”成果体系与理念认识、政策导向、技术规程、技术路径选择等紧密相关。目前从市县“多规合一”试点到 9 个省级空间规划试点，国家层面仍然处于试点总结阶段。从国家出台的文件以及编制过程中解决问题的方法及途径，包括试点实践可以看出，要最终实现“多规合一”，目前比较成体系和科学的成果体系应涵盖从开展数字工作底图到合成空间布局总图所有重要阶段成果内容，包括两个评价、“三区三线”划定、《空间规划》、“一张蓝图”、信息平台，以及在完成空间规划、合成一张图时进行的各项基础和技术专题研究、技术标准、法规机制建立等。

19. 深化空间规划体制改革的目标和任务是什么？

答：2013 年 11 月，十八届三中全会发布的《关于全面深化改革若干重大问题的决定》指出，要“建立空间规划体系，划定生产、生活、生态空间开发管制界限，落实用途管制”。十八届中央深改组第二次会议，审议通过了《中央全面深化改革领导小组 2014 年工作要点》，要落实国家新型城镇化规划，推动经济社会发展规划、土地利用规划、城乡发展规划、生态环境保护规划等“多规合一”,开展市县空间规划改革试点,促进城乡经济社会一体化发展。在十八届中央深改组召开的38次会议中,有13次会议涉及自然生态管控、空间规划及“多规合一”的议题和内容。空间规划体制改革是我国深化改革的一项重要内容,其目标任务主要为:一是完善和落实主体功能区战略和制度,发挥主体功能区作为国土空间开发保护基础制度的作用,推动主体功能区战略格局在市县层面精准落地;二是建立空间规划体系,以主体功能区规划为基础统筹各类空间性规划、推进“多规合一”,建立健全全国统一、相互衔接、分级管理的空间规划体系;三是健全用途管制制度,构建以空间规划为基础、以用途管制为主要手段的国土空间开发保护制度;四是提升政府管控能效,以空间治理和空间结构优化为主要内容,提升国家国土空间治理能力和效率。

20. 我国空间规划是什么时候、基于什么提出来的?

答:2013年印发的《中共中央关于全面深化改革若干重大问题的决定》,明确提出要“建立空间规划体系,划定生产、生活、生态空间开发管制界限,落实用途管制。”随后,中央多项政策文件和相关规划都对探索建立空间规划体系、落实主体功能区制度进行了安排部署和指导。2015年中共中央、国务院印发的《生态文明体制改革总体方案》首次明确提出要编制空间规划。整合目前各部门分头编制的各类空间性规划，编制统一的空间规划，实现规划全覆盖。空间规划的编制，旨在落实主体功能区规划要求，优化空间治理和空间结构，形成全国统一、相互衔接、分级管理的空间规划体系，着力解决空间性规划重叠冲突、部门职责交叉重复、地方规划朝令夕改等问题。2016 年 12 月，中办、国办印发《省级空间规划试点方案》，空间规划全面试点工作正式展开。

前边第 6 个问题已回答了“多规合一”的提出和历程，主要是要解决规划的反复折腾等现状，实现“一张蓝图干到底”的问题，而空间规划除了解决以上问题外，更多是基于实施主体功能区战略、落实国土用途管制、提升国土治理能力的需要，建设生态文明。可以看出，这也是理念认识、管理方式、管控重点的重要转变。

21. 什么是空间规划？

答：空间和规划都是比较宽泛的概念，前边对于规划的概念层次已进行了说明。空间是一个相对的概念，现代汉语词典解释，空间是物质存在的一种客观形式，由长度、宽度、高度、表现出来，是物质存在的广延性和伸张性的表现。空间按不同角度可分为抽象空间、具体空间、物理空间、虚拟空间等，如宇宙空间、地理空间、国土空间、网络空间、思想空间、数字空间等都属于空间的范畴。

空间规划就是对空间的统筹部署和安排，并对其实施有效管控的方式和过程。在此须明确空间规划的对象为国土空间,其具有唯一特性。国土空间是指国家主权与主权权利管辖下的地域空间,是国民生存的场所和环境,包括陆地、陆上水域、内水、领海、领空等。从提供产品的类别来划分,一国的国土空间,可以分为城镇空间、农业空间、生态空间和其他空间四类。因此,进一步明确,空间规划是对国土空间的优化布局、统筹安排、有效管控及科学治理。

22. 为什么要开展空间规划?

答:2014 年 8 月,国家四部委开展 28 个市县“多规合一”试点。2015 年 9 月,中共中央、国务院出台《生态文明体制改革总体方案》,首次明确提出,要整合目前各部门分头编制的各类空间性规划,编制统一的空间规划,实现规划全覆盖。2015 年 11 月,十八届五中全会通过的《中共中央关于制定国民经济和社会发展第十三个五年规划的建议》指出,以主体功能区规划为基础,统筹各类空间性规划,推进“多规合一”。2016 年 12 月,中办、国办印发《省级空间规划试点方案》,明确了开展省级空间规划的指导思想、基本原则、试点目标和主要任务,尤其明确了“先布棋盘、后落棋子”的技术路线。空间规划以主体功能区规划为基础,全面摸清并分析国土空间本底条件,划定城镇、农业、生态及生态保护红线、永久基本农田、城镇开发边界(“三区三线”),注重开发强度管控和主要控制线落地,统筹各类空间性规划,编制统一的省级空间规划，为实现“多规合一”，建立健全国土空间开发保护制度积累经验、提供示范。

从2014年市县“多规合一”试点到编制空间规划提出，再到《省级空间规划试点方案》的出台，开展空间规划主要有以下几个方面的考虑：一是系统总结了市县“多规合一”试点推进的经验不足和问题难点，随着理论探索的深入和试点实践，结合各方面的共识倾向，围绕实现“一张蓝图干到底”要求，进一步提高认识、优化路径方法，更深一层推进“多规合一”；二是落实《生态文明体制改革总体方案》中关于空间规划体系改革确立的目标任务，完善和落实主体功能区战略和制度，建立空间规划体系，健全用途管制制度，提升政府管控能效；三是提升试点层次，扩大试点范围，为尽早建立健全全国统一、相互衔接、分级管理的空间规划体系奠定基础。

23. 国家关于空间规划的政策有哪些？

答：截至2017年12月，根据我们中研智业集团梳理汇总（不一定完整），自2010年以来，中共中央、国务院及各部门出台涉及“多规合一”、空间规划的内容或与此项工作有关的各类政策文件、法律法规20余项，我们已汇编成册，主要包括：《国务院关于印发全国主体功能区规划的通知》《中共中央关于全面深化改革若干重大问题的决定》《关于强化管控落实最严格耕地保护制度的通知》《国家新型城镇化规划（2014—2020年）》《国务院批转发改委关于2014年深化经济体制改革重点任务意见的通知》《关于开展市县“多规合一”试点工作的通知》《中共中央、国务院关于加快推进生态文明建设的意见》《关于贯彻实施国家主体功能区环境政策的若干意见》《生态文明体制改革总体方案》《中共中央关于制定国民经济和社会发展第十三个五年规划的建议》《中共中央、国务院关于进一步加强城市规划建设管理工作的若干意见》《中办、国办关于设立统一规范的国家生态文明试验区的意见》《省级空间规划试点方案》《国土部、发改委关于全国土地整治规划(2016—2020年)的通知》《中办、国办关于划定并严守生态保护红线的若干意见》《国务院关于印发全国国土规划纲要(2016—2030年)的通知》《国务院关于完善主体功能区战略和制度的若干意见》《国办关于同意建立省级空间规划试点工作部际联席会议制度的函》《领导干部自然资源资产离任审计规定(试行)》《关于建立资源环境承载能力监测预警长效机制的若干意见》等。

24. 开展省级空间规划试点有什么重要意义?

答:国家发改委有关负责人就《省级空间规划试点方案》答记者问,关于此问题的提出及回答如下:改革开放以来,我国建立了比较完整的规划体系,各类规划在国家治理能力现代化建设中发挥了积极作用,但也存在规划之间衔接不够、相互打架、规划权威性不够、实施管控不力等问题。特别是空间性规划在技术方法、标准规范、管理体制等方面不协调、不一致，影响了国家空间治理效率，不利于经济社会持续健康发展。开展省级空间规划试点，是我国探索建立空间规划体系的一项重要举措，有利于理顺规划关系，精简规划数量，健全全国统一、相互衔接、分级管理的空间规划体系；有利于系统解决各类空间性规划存在的突出问题，提升空间规划编制质量和实施效率；有利于改革创新规划体制机制，更好发挥规划的引领和管控作用，更好服务于“放管服”改革，降低规划领域制度性交易成本。

 25. 国家开展省级空间规划有哪些省份，且试点成果如何？

答：在开展市县“多规合一”试点的同时，2015 年 6 月 5 日，十八届中央深改组第十三次会议同意海南省就统筹经济社会发展规划、城乡规划、土地利用规划等开展省域“多规合一”改革试点。2016 年 4 月 18 日，十八届中央深改组第二十三次会议，审议通过了《宁夏回族自治区空间规划（多规合一）试点方案》，会议同意宁夏回族自治区开展空间规划（多规合一）试点。2016 年 6 月 27 日，十八届中央深改组第二十五次会议审议通过了《关于海南省域“多规合一”改革试点情况的报告》。2016 年 10 月 11 日，十八届中央深改组第二十八次会议审议通过了《省级空间规划试点方案》。2016 年 12

月，中办、国办印发《省级空间规划试点方案》。在海南、宁夏试点的基础上，将吉林、浙江、福建、江西、河南、广西、贵州等也纳入试点范围，共形成9个省级空间规划试点。2017年8月29日，十八届中央深改组第三十八次会议审议了《宁夏回族自治区关于空间规划(多规合一)试点工作情况的报告》。

从省级空间规划试点成果情况来看，先期在市县"多规合一"试点基础上，进一步率先开展海南和宁夏空间规划试点，在以上试点总结基础上，国家出台《省级空间规划试点方案》，对空间规划总体要求、目标、任务和技术路线进行明确，因此后边的空间规划试点及成果均遵循方案制定的总体要求和既定的技术路线开展，形成了比较成熟的试点成果体系，从构建数据工作底图、开展两个评价、划定"三区三线"规划底图("定棋盘")、多规叠加("落棋子")形成空间布局总图，搭建信息平台进行有效管控，到一套技术规范标准和法规的建立等，应该说试点成果基本趋于成熟，也基本达到了深化空间规划体制改革的目标任务，能够从技术和机制上，支撑实现"一张蓝图干到底"。

26."多规合一"与空间规划是什么关系?

答:国家发改委有关负责人就《省级空间规划试点方案》答记者问，关于此问题的提出及回答如下:2014年8月，我们和国土、环保、住建四个部门在全国选择28个市县，开展"多规合一”试点。当时的思路是推进经济社会发展规划、土地利用规划、城乡规划、生态环境保护规划等的“合一”,“多规合一”的对象既包括发展类规划,也包括空间类规划。但随着试点实践和理论探索的深入,各方面都逐渐倾向于首先推进空间类规划的“多规合一”,其次再整合发展类规划和空间类规划。此后发布的中央文件也对这一问题进行了明确说明,党的十八届五中全会提出“以主体功能区规划为基础统筹各类空间性规划,推进‘多规合一’”,《生态文明体制改革总体方案》提出,“整合目前各部门分头编制的各类空间性规划,编制统一的空间规划,实现规划全覆盖”。

明确了“多规合一”的对象是空间性规划,也就明确了“多规合一”与空间规划的关系,编制空间规划、构建空间规划体系是目标,推进“多规合一”是手段、是过程。开展省级空间规划试点也就是省域“多规合一”试点。

27. 空间规划为什么要注重开发强度管控?如何实现?

答:国家发改委有关负责人就《省级空间规划试点方案》答记者问,关于此问题的提出及回答如下:开发强度是指一个区域建设空间占该区域总面积的比例。控制开发强度,是《全国主体功能区规划》提出的重要理念。我国国土空间的本底条件、分布特征以及保障农产品供给安全的刚性要求,决定了我国可用来推进工业化、城镇化的国土空间并不宽裕。即使是城市化地区,也要保持必要的耕地和绿色生态空间,合理满足当地人口对农产品和生态产品的需求。因此,各类主体功能区都要有节制地开发,保持适当的开发强度。

《生态文明体制改革总体方案》进一步提出,要改变目前按行政区和用地基数分配用地指标的做法,将开发强度指标分解到各县级行政区,将其作为约束性指标,控制建设用地总量。按照这一要求,《方案》提出省级层面要科学测算三类空间比例和开发强度控制指标,并分解到市县,以实现省级空间规划对全省空间开发的有效管控。

开发强度控制由纵向和横向两方面组成。纵向控制是指省级层面将开发强度分解到各个市县,一要体现不同主体功能区的差别,向重点开发区域适当倾斜;二要严格控制,保证各市县开发强度的加权平均值不超过全省开发强度;横向控制是指每个行政辖区将开发强度分解到城镇、农业、生态三类空间,一要满足三类空间开发强度城镇空间最大、生态空间最小;二要满足三类空间开发强度的加权平均值不超过辖区总体开发强度。在测算方法方面,要改变过去单纯的"以人定地"的测算方法,实现"以人定地"与"以产定地"相结合。这在市县"多规合一"试点中已经有初步探索。

28. 开展省级空间规划试点的总体技术路线在设计方面有什么考虑?

答:国家发改委有关负责人就《省级空间规划试点方案》答记者问,关于此问题的提出及回答如下:《方案》避免过度涉及技术细节,而是站在宏观、全局的角度,严格按照中央关于"以主体功能区规划为基础统筹各类空间性规划,推进'多规合一'"的部署要求,科学设计了"先布棋盘、后落棋子"的技术路线。以主体功能区规划为基础,实际是"先布棋盘",落实主体功能区基本理念和城市化、农业、生态三大战略格局,精细化开展资源环境承载能力和国土空间开发适宜性两项评价,搞清楚国土空间的本底特征和适宜用途,划定大的空间格局和功能分区,也就是我们说的城镇、农业、生态空间和生态保护红线、永久基本农田、城镇开发边界"三区三线";同时,依托这个大的空间格局,把各部门分头设计的管控措施,加以系统整合,与"三区三线"协调配套共同形成空间规划底图,或者叫"棋盘",为统筹各类空间性规划,也就是为"棋子"落盘形成基础框架和管控约束。统筹各类空间性规划,推进"多规合一",实际是"后落棋子",要把各类空间性规划的核心内容和空间要素,像"棋子"一样,按照一定的规则和次序,有机整合落入"棋盘",真正形成"一本规划、一张蓝图"。

29.如何理解“先布棋盘、后落棋子”的空间规划试点技术路线,为什么要这么做?

答:国家发改委有关负责人就《省级空间规划试点方案》答记者问,关于此问题的提出及回答如下:这涉及如何认识“多规”矛盾冲突的根源问题。我们认为,虽然“多规”不协调、不一致,表面上表现为用地图斑矛盾,但形成大量矛盾图斑的根源,却是各类规划在规划期限、坐标系统、基础数据、管控分区、技术标准等方面的互不衔接,同时也牵涉规划背后的体制机制和法律法规问题。

因此,推进“多规合一”,编制统一的空间规划,不能从表面上的矛盾图斑入手,而是要针对问题的根源,一方面统一规划期限、基础数据、用地分类、目标指标和管控分区等规划基础;另一方面充分发挥主体功能区作为国土空间开发保护基础制度的作用,科学绘制空间规划底图,为统筹各类空间性规划构建基础框架。采用“先布棋盘、后落棋子”的技术路线推进“多规合一”,与直接从现有规划成果出发、叠加比对形成空间布局图的做法相比,更具有科学性和合理性。因此,《方案》对这一技术路线进行分解落实,通过精心设计试点主要任务,使试点省份少走弯路、岔路。

30. 为什么要开展资源环境承载能力和国土开发适宜性两项基础评价?

答:国家发改委有关负责人就《省级空间规划试点方案》答记者问,关于此问题的提出及回答如下:从必要性来看,一是开展资源环境承载能力评价延续了主体功能区规划的基本理念。《全国主体功能区规划》提出了根据资源环境承载能力进行开发的基本理念。《中共中央国务院关于加快推进生态文明建设的意见》提出,要将各类开发活动限制在资源环境承载能力之内。《生态文明体制改革总体方案》明确要求,空间规划编制前应当进行资源环境承载能力评价,以评价结果作为规划的基本依据。这些理念和要求是一脉相承、一以贯之的。二是开展两项基础评价保证了空间规划的科学性和合理性。之前已经介绍了"先布棋盘,后落棋子"的技术路线,"棋盘"布得好不好,决定了最后"落子"成局的质量。开展资源环境承载能力和国土空间开发适宜性评价,摸清国土空间的基本家底,是布好"棋盘"的基础,是落好"棋子"的保证。

从可行性来看,开展两项基础评价,已经具备比较成熟的技术方法和数据基础。建立资源环境承载能力监测预警机制,也是中央全面深化改革的一项重大任务。2016 年年初,我们会同 12 个部门研究形成了资源环境承载能力监测预警技术方法,在京津冀地区进行了试评价,验证了方法的可行性,并已印发各地参照执行,由此看出,开展资源环境承载能力评价具备了在全国推广应用的基础条件。国土空间开发适宜性评价，在编制主体功能区时已经形成了技术路径和指标体系，现在可以基本沿用，而且数据基础比当时更好。受基础数据限制，过去做不到对全域国土空间进行网格化评价，现在第二次土地调查和全国地理国情普查为国土空间开发适宜性评价提供了全覆盖、高精度的成果数据，由此看出现在已经具备了进行精细化评价的基础条件，并在浙江开化、广西贺州等地进行了成功实践。

31. 如何“先布棋盘”，即绘制空间规划底图?

答:国家发改委有关负责人就《省级空间规划试点方案》答记者问，关于此问题的提出及回答如下:空间规划底图由“三区三线”空间格局和配套的综合空间管控措施共同构成，是统筹各类空间性规划、叠加各类空间开发布局的基础框架。

绘制空间规划底图，首先要划定“三区三线”。《方案》提出，在系统开展两项基础评价，摸清楚国土空间本底特征和适宜用途的基础上，采用自上而下和自下而上相结合的方式。首先，划定生态保护红线，并坚持生态优先，扩大生态保护范围，划定生态空间;其次，划定永久基本农田，考虑农业生产空间和农村生活空间相结合，划定农业空间;最后，按照开发强度控制要求，从严划定城镇开发边界，有效管控城镇空间。

绘制空间规划底图，要配套设计综合空间管控措施。目前，虽然各部门在划分空间管控分区基础上，配套设计了不同管控措施，但多为单一目标管控措施，无法满足对全域空间进行多目标管控的需求。因此，需要在划定“三区三线”基础上，系统梳理和有机整合各部门空间管控措施，配套设计统一衔接、分级管控的综合空间管控措施，共同构成空间规划底图。

32. 绘制空间规划底图为什么要以划定“三区三线”为基础？

答：国家发改委有关负责人就《省级空间规划试点方案》答记者问，关于此问题的提出及回答如下：划定“三区三线”，是《方案》的核心内容，是绘制空间规划底图的前提和基础，也是四部委联合印发“多规合一”试点方案形成的基本共识。

“先布棋盘”首先要划定“棋盘”上的“网格”，这个网格就是统一的空间管控分区，而空间管控分区不一致，恰恰是导致“多规”矛盾冲突的一个重要因素。目前，针对同一片国土空间，至少涉及8个部门，至少划分10类空间管控分区。为此，《方案》提出，以“三区三线”为基础，整合形成协调一致的空间管控分区。

之所以明确以“三区三线”为基础，主要基于三方面考虑。一是满足管控需求,“三区三线”作为统一的管控分区,基本能够涵盖现有的各类空间管控分区,能够满足各部门的空间管控需要。二是经过实践检验,全国28个“多规合一”试点市县,大多按照主体功能区的要求,规划了“三区三线”。三是符合国际经验,发达国家通常也是先划定城市建设地区、农业农村发展地区、绿色开敞生态地区等综合功能分区,再细化安排用地布局,从而实现空间总体管控与具体用地布局的有机结合。

33. 绘制空间规划底图为什么要配套设计综合空间管控措施?如何设计?

答:国家发改委有关负责人就《省级空间规划试点方案》答记者问,关于此问题的提出及回答如下:“棋盘”不能只有“网格”,也要有与“网格”相配套的运行规则,这就是与“三区三线”相配套的综合空间管控措施。目前,各部门在各自划分空间管控分区的基础上,配套设计了不同的管控原则和措施,这样就加剧了“多规”矛盾冲突。而现有空间管控措施多为单一目标管控。例如,土地利用规划的允许建设区、有条件建设区、限制建设区和禁止建设区“四区”和城乡规划的适建区、限建区和禁建区“三区”,这些都是单一针对建设行为的管控分区,与之相配套的管控措施,无法适用于对广大农业地区和生态地区的管控。因此,《方案》提出以“三区三线”为载体,合理整合协调各部门空间管控手段,形成综合空间管控措施。

在市县"多规合一"试点过程中，初步形成了综合空间管控措施设计思路，即通过管控原则、开发强度、用地规模、保护界线等，实现对各类空间开发和保护行为的落地管控。具体分为三级：一级为三类空间管控，主要明确三类空间开发与保护的总体要求和原则方向；二级为"三区三线"管控，针对划分"三区三线"形成的六类分区，按照不同功能定位和重要程度，细化设计管控措施，区分管控严格程度；三级为土地用途管控，重点针对三大类用地，提出土地用途转用管制规则。

34. 为什么要上下协同编制省级空间规划？

答：国家发改委有关负责人就《省级空间规划试点方案》答记者问，关于此问题的提出及回答如下：按照《生态文明体制改革总体方案》，未来我国要建立统一衔接的空间规划体系，分为国家、省、市县三级。各级空间规划虽然各有分工、各有侧重，但却是统一整体，不能割裂看待。因此，开展省级空间规划试点，也要与市县空间规划试点协同推进，上下联动，不能就省级论省级，而是要把省级宏观管理和市县微观管控加以有机结合。

为确保省级层面空间管控要求能够精准传递到位，避免上下脱节、管控失效，《方案》设计了加强上下联动的具体举措，包括：省级层面提出空间发展总体战略，并按照市县主体功能定位，将管控目标和指标分解到各个市县；采取自上而下和自下而上相结合的方式划定"三区三线"等。这既借鉴了国外有效方法，也是前期海南、宁夏试点探索形成的重要经验，实践证明是科学合理的。同时，《试点方案》还注重给予试点省份一定的灵活性，提出既可以在全省范围内协同编制省级空间规划和市县空间规划，也可以选择部分地市级行政单元，探索上下协同编制空间规划的路径和模式。

35. 为什么提出划定城镇、农业、生态“三类空间”，而不是之前通常采用的生产、生活、生态“三生空间”？

答：国家发改委有关负责人就《省级空间规划试点方案》答记者问，关于此问题的提出及回答如下：《方案》要求采用自上而下和自下而上相结合的方式，划定三类空间，之所以用“三类空间”代替“三生空间”，主要基于以下几方面考虑：一是落实中央以主体功能区规划为基础，推进“多规合一”的战略部署要求。主体功能区规划提出了城市化、农业和生态安全三大战略格局，“三类空间”与之相对应，是三大战略格局在国土空间管控上的具体落地实施。二是“三生空间”划分单元相对精细，适于在城市或村镇内部划定，不适宜在城市外围的广大农业空间和生态空间直接划定，也不利于实现对大的地域空间的综合管控。特别是在中央倡导产城融合发展的背景下，即使在城市内部，“三生空间”也往往彼此耦合，很难精确划定具体边界。三是考虑了国际经验和实践基础，发达国家通常先划定城市建设地区、农业农村发展地区、绿色开敞生态地区等综合功能分区，再细化安排用地布局；

全国 28 个“多规合一”试点市县也大多探索划定了“三类空间”,实践证明是科学可行的。

 36. 如何理解自然资源管理与空间规划的关系?

答:《加快推进生态文明建设的意见》提出要健全自然资源资产产权制度和用途管制制度,《生态文明体制改革总体方案》进一步明确了自然资源资产产权制度、国土空间开发保护制度、空间规划体系等制度建立完善是生态文明制度体系的重要内容。十八届中央深改组第二十九次、三十次、三十五次、三十六次、三十八次会议,均涉及自然资源资产统一确权登记、管理体制试点、预警监测、自然资产资源离任管理审计等制度。统一行使全民所有自然资源资产管理、统一行使所有国土空间用途管制和生态保护修复,统一行使所有国土空间规划“多规合一”,实现山水林田湖草生命共同体的整体保护、系统修复、综合治理是自然资源资产管理的重要目标任务。首先,自然资源资产产权制度和空间规划体系及完善国土空间保护制度所最终实现的目标方向是一致的,即通过制度完善推进生态文明建设;其次,自然资源资产管理和空间规划所涉及的山水林田湖草的自然本底要素是一致的;三是自然资源资产管理涉及自然资源资产的调查、登记、确权、管理、预警、监测、考核、责任等一体化完整职能体系,而空间规划体系建设是自然资源资产管理的重要手段、方式和载体,是职能体系的部分环节,通过空间规划及信息平台可实现对自然资源的有效监管，优化国土空间布局，提高治理能力。所以，自然资源管理与空间规划是生态文明建设的两个方面，空间规划在自然资源管理中起着关键作用，处于中坚地位。

37. 如何理解完善和落实主体功能区战略和制度是空间规划的前提基础？

答：推进主体功能区建设是党中央、国务院作出的重大战略部署，是我国经济发展和生态环境保护的大战略。2010年国务院印发《全国主体功能区规划》、党的十七届五中全会提出实施主体功能区战略，特别是党的十八届三中全会明确坚定不移实施主体功能区制度以来，我国主体功能区建设取得了积极成效，主体功能区理念已成为广泛共识，每个县级行政单元均已明确了主体功能定位，城市化战略格局、农业战略格局和生态安全战略格局基本形成，配套政策和制度安排逐步完善，主体功能区在国家空间发展中的重要作用日益凸显。

2017年8月，十八届中央深改会第三十八次会议审议通过的《关于完善主体功能区战略和制度的若干意见》提出，深入实施主体功能区战略，发挥主体功能区作为国土空间开发保护基础制度作用，推动主体功能区战略格局在市县层面精准落地，健全不同主体功能区差异化协同发展长效机制。到2020年，符合主体功能定位的县域空间格局基本划定，陆海全覆盖的主体功能区战略格局精准落地，“多规合一”的空间规划体系建立健全。

可以看出,完善主体功能区战略和制度,关键是要在严格执行主体功能区规划基础上,将国家和省级层面主体功能区战略格局在市县层面精准落地。其主要方式和路径为:按照陆海统筹原则,依据不同主体功能定位,开展资源环境承载能力和国土空间开发适宜性评价,采取上下结合的方式,精准落实主体功能区战略格局,科学划定市县域“三区三线”空间格局,注重三类空间和三条主要控制线衔接协调,从而进一步科学确定开发强度和管控措施。因此,完善主体功能区战略和制度是编制“多规合一”的空间规划,推动形成差异化协同发展格局的基础和载体。

38. 如何理解建立健全空间规划体系是空间规划的根本任务?

答:2013 年 11 月,十八届三中全会将“深化规划体制改革,建立健全空间规划体系”作为全面深化改革的重要内容之一。2014 年 8 月,国家发改委等四部委联合开展 28 个市县“多规合一”试点工作。2016 年 12 月,中办、国办印发了《省级空间规划试点方案》,新增了 7 个省级空间规划试点。同时,十八届中央深改组共计 38 次会议,其中有 13 次会议直接或间接涉及空间规划、“多规合一”及规划体制改革问题,国家先后在城镇化工作会议、生态文明建设等一系列会议及文件中 20 多次提出有关推进开展空间规划,实现“多规合一”,建立健全空间规划体系,保证“一张蓝图干到底”的要求。

2015年，中共中央、国务院印发的《生态文明体制改革总体方案》提出，构建以优化空间治理和空间结构优化为主要内容，形成全国统一、相互衔接、分级管理的空间规划体系，着力解决空间性规划重叠冲突、部门职责交叉重复、地方规划朝令夕改等问题。同时，整合目前各部门分头编制的各类空间性规划，编制统一的空间规划，实现规划全覆盖。空间规划是国家空间发展的指南、可持续发展的空间蓝图，是各类开发建设活动的基本依据。空间规划分为国家、省、市县(设区的市空间规划范围为市辖区)三级。

可以看出，构建“全国统一、相互衔接、分级管理”的空间规划体系是空间规划的根本任务，也是三个不同层面的核心要求。全国统一，就是要进行空间规划全覆盖，形成全国一张图，主要路径就是按照十九大报告明确的完成全国三线划定，进一步形成“三区三线”，注重开发强度管控和控制线精准落地，进行空间分区和用途管控。相互衔接，就是要进行横向和纵向的衔接，核心是技术数据的衔接，达到规划期限、目标指标、坐标格式、用地分类、空间分区、边界规模等的衔接协调，真正实现“多规合一”。分级管理就是按照国家、省、市县(设区的市空间规划范围为市辖区)三级管理体系，明确各级管理职责、权限、法律地位，达到依法有据、科学有效的空间管理。

39. 如何理解落实空间用途管制是空间规划的重要手段?

答:十八届三中全会提出,要加快推进生态文明建设,健全自然资源资产产权制度和用途管制制度。对水流、森林、山岭、草原、荒地、滩涂等自然生态空间进行统一确权登记,形成归属清晰、权责明确、监管有效的自然资源资产产权制度。建立空间规划体系,划定生产、生活、生态空间开发管制界限,落实用途管制。《中共中央、国务院关于加快推进生态文明建设的意见》明确要健全生态文明制度体系,完善自然资源资产用途管制制度,明确各类国土空间开发、利用、保护边界,实现能源、水资源、矿产资源按质量分级、梯级利用。

《生态文明体制改革总体方案》进一步要求,构建以空间规划为基础,以用途管制为主要手段的国土空间开发保护制度,着力解决因无序开发、过度开发、分散开发导致的优质耕地、生态空间占用过多、生态破坏、环境污染等问题。健全国土空间用途管制制度,简化自上而下的用地指标控制体系,调整按行政区和用地基数分配指标的做法,将开发强度分解到各县级行政区,作为约束性指标,控制建设用地总量。将用途管制扩大到所有自然生态空间,划定并严守生态红线,严禁随意任意改变用途,防止不合理开发建设活动对生态红线的破坏。

可以看出,健全国土空间用途管制制度,落实空间用途管制是开展空间规划,进一步构建国土空间开发保护制度的重要手段。实施空间用途管制就是在主体功能区精准落地,

“三区三线”及各种控制线划定的基础上,强化并将用途管制扩大到所有自然生态空间,确保各类空间用地性质、功能和用途不改变。划定并严守生态保护红线,实现一条红线管控重要生态空间,确保生态功能不降低、面积不减少、性质不改变,维护国家生态安全。落实最严格的耕地保护制度和土地节约集约利用制度,完善基本农田保护制度,划定永久基本农田红线,确保面积不减少、质量不下降、用途不改变,确保国家粮食安全。实行基本草原保护制度,确保基本草原面积不减少、质量不下降、用途不改变。严格划定城市开发边界、合理确定城市规模、开发边界、开发强度和保护性空间,实施总量和强度双管控。

40. 如何理解提升空间治理能力和效率是空间规划的主要目标?

答:十八届三中全会确立的关于全面深化改革的总目标是完善和发展中国特色社会主义制度,推进国家治理体系和治理能力现代化。《生态文明体制改革总体方案》明确,要构建起产权清晰、多元参与、激励约束并重、系统完整的生态文明制度体系,推进生态文明领域国家治理体系和治理能力现代化,努力走向社会主义生态文明新时代。其中:以健全空间规划体系为基础,建立国土空间开发保护制度是生态文明八大制度体系的重要内容,国土是生态文明建设的空间载体。因此,国土空间治理是生态文明领域国家治理的核心内容,也是推进国家治理体系和治理能力现代化的重要内容。

2014年国家发改委等四部委下发的《关于开展市县“多规合一”试点工作的通知》和中办、国办印发的《省级空间规划试点方案》明确，开展空间规划，推进“多规合一”，主要是要强化政府的空间管理能力，提升国家国土空间治理能力和效率。《全国国土规划纲要(2016—2030年)》提出，要优化国土空间开发格局，统筹推进形成国土集聚开发、分类保护与综合整治“三位一体”总体格局，加强国土空间用途管制，建立国土空间开发保护制度，提升国土空间治理能力。《关于完善主体功能区战略和制度的若干意见》明确，推进主体功能区建设在推动生态文明建设中发挥着基础性作用，在构建国家空间治理体系中发挥着关键性的作用，以推进主体功能区为基础，开展“多规合一”的空间规划，完善中国特色国土空间开发保护制度，是实现国家空间治理能力现代化的主要途径。

可以看出，提升国家国土空间治理能力和效率是国家开展空间规划，推进“多规合一”的主要目标。坚持系统治理，从主体功能区精准落地、“三区三线”划定到空间规划体系的建立健全，形成系统性、全面性、整体性治理体系。坚持依法治理，以生态文明制度八项制度体系为重点，加强空间规划的法规完善，形成依法有据的治理制度框架。坚持源头治理，摸清国土空间本底条件，做好资源环境承载能力及国土空间开发适宜性分析，注重强度管控，形成科学源头预防治理。坚持科技支撑，充分运用现代信息网络、大数据云平台、天地一体监测、遥感卫星、智能智慧等技术，着力构建网格化管理、信息化支撑的空间信息及各类动态监测服务平台，形成技术先进、手段高明的治理体系。最终通过提升空间治理能力和效率基本实现国土空间治理能力现代化。

41. 如何理解空间规划所处的理论政策方位?

答:目前，涉及空间规划的相关政策很多，关于其提出缘由、理论、概念、路线、要求等在多个文件中提及，因此确有必要对其从更深、更高层面进一步梳理、理解、认识，把握其在国家大政方针中的理论政策方位。

党的十八大提出“五位一体”总体布局，首次将生态文明建设提升至与经济、政治、文化、社会四大建设并列的高度。十八届三中全会提出，推进生态文明建设，建设美丽中国，深化生态文明体制改革。《中共中央、国务院关于加快推进生态文明建设的意见》提出，以健全生态文明制度体系为重点，优化国土空间开发格局，开创社会主义生态文明新时代。《生态文明体制改革总体方案》提出，通过构建生态文明八项制度，形成制度体系，推进生态文明领域国家治理体系和治理能力现代化。以空间规划为基础，落实国土用途管制制度是国土空间开发保护制度的重要手段，建立健全空间规划体系、构建自然资源的管理制度、完善国土空间开发保护制度是生态文明八项制度的重要内容。综上，构建空间规划体系是推进生态文明建设，国土开发保护制度中一项重要内容和环节。简而言之，空间规划是构成生态文明八项制度之一，是推进生态文明建设的重要一环，是落实统筹“五位一体”总体布局的重要体现。

推进主体功能区建设，是党中央、国务院作出的重大战略部署，是我国经济发展和生态环境保护的大战略。实施主体功能区制度以来，我国主体功能区建设取得了积极成效，主体功能区理念已成为广泛共识，每个县级行政单元均已明确了主体功能定位，主体功能区在国家空间发展中的重要作用日益凸显。《关于完善主体功能区战略和制度的若干意见》提出，深入实施主体功能区战略，发挥主体功能区的国土空间开发保护基础制度作用，推动主体功能区战略格局在市县层面精准落地，健全不同主体功能区差异化协同发展长效机制。到2020年，符合主体功能定位的县域空间格局基本划定，陆海全覆盖的主体功能区战略格局精准落地，“多规合一”的空间规划体系建立健全。可以看出，主体功能区是空间规划的基础，空间规划是主体功能区的进一步落地，主体功能区需要通过空间规划（划定落实“三区三线”）实现在市县精准落地，空间规划需要通过落实主体功能区实现控制线的有效划定。

十八届三中全会确立的关于全面深化改革的总目标是完善和发展中国特色社会主义制度，推进国家治理体系和治理能力现代化。《生态文明体制改革总体方案》提出要推进生态文明领域国家治理体系和治理能力现代化，努力走向社会主义生态文明新时代。以健全空间规划体系为基础，建立国土空间开发保护制度是生态文明八项制度的重要内容，国土是生态文明建设的空间载体，因此，国土空间治理是生态文明领域国家治理的核心内容，也是推进国家治理体系和治理能力现代化的重要领域。综上，以空间规划推动国土空间治理，进一步推动生态文明领域治理，最终通过生态文明领域治理实现国家治理体系和治理能力现代化。

综上所述，空间规划在“统筹‘五位一体’总体布局，贯彻落实十八届三中全会关于深化生态文明体制改革，坚定不移实施主体功能区制度和战略，建立生态文明制度体系，实现生态文明领域国家治理体系和治理能力现代化，推进国家治理体系和治理能力现代化”进程中，是“四梁八柱”的重要支柱和重要承载。

42. 空间规划有没有明晰的理论路线图，是什么？

答：围绕前边已经说明的关于空间规划的四大目标任务，结合以上空间规划的理论政策方位，进一步研究梳理和理解认识，可以明晰形成空间规划完整的理论路线图，从而最终达到优化国土空间，提升空间治理能力和效率，建立健全国土空间保护制度、推进生态文明建设，建设美丽中国。

路线 1：注重控制线落地。以主体功能区为基础，依托两个评价，划定“三区三线”，实现主体功能区在市县精准落地。

路线 2：建立空间规划体系。通过构建全国一张图实现全国统一，通过规划期限统一、基础数据统一、指标目标统一、用地分类统一 、空间分区统一的“五个统一”实现相互衔接;通过国家、省、市县三级管理实现分级管理;最终建立健全全国统一、相互衔接、分级管理的空间规划体系。

路线3:强化空间用途管制。按照统一用地分类标准,通过开发强度管控、建设用地总量约束,确保用地性质一致、土地权属唯一,达到空间用途的有效管控。

路线4:提升空间治理能力和效率。通过法规标准建立,空间规划信息平台建设及体制机制创新等,实现空间治理能力现代化。

技术研究篇

43. 空间规划的体系是什么?

答:2015年,中共中央国务院印发的《生态文明体制改革总体方案》提出,构建以优化空间治理和空间结构优化为主要内容,形成全国统一、相互衔接、分级管理的空间规划体系,着力解决空间性规划重叠冲突、部门职责交叉重复、地方规划朝令夕改等问题。也就是说"全国统一、相互衔接、分级管理"就是空间规划体系三个不同层面的核心要求。全国统一就是要进行空间规划全覆盖,形成全国一张图,主要路径就是按照十九大报告明确的完成全国"三线"划定,进一步形成"三区三线",注重开发强度管控和控制线精准落地,进行空间分区和用途管控。相互衔接,就是要进行横向和纵向的衔接,核心是技术数据的衔接,达到规划期限、目标指标、坐标格式、用地分类、空间分区、边界规模等的衔接协调,真正实现"多规合一"。分级管理就是按照国家、省、市县(设区的市空间规划范围为市辖区)三级管理体系,明确各级管理职责、权限、法律地位,达到依法有据、科学有效的空间管理。

45. 空间规划的范围怎么定?

答:关于"多规合一"的范围确定在以上的问题回答中已进行了说明,空间规划范围道理同样,不再赘述。同时,要落实《中共中央关于全国深化改革若干重大问题的决定》中关于空间规划体制改革确立的目标任务,完善和落实主体功能区战略和制度、建立空间规划体系、健全用途管制制度、提升政府管控能效，统筹各类空间性规划，编制统一的空间规划，建立健全全国统一、相互衔接、分级管理的空间规划体系，实现规划全覆盖等必须要求空间规划全域覆盖、全域管控、横向到边、纵向到底。

45. 空间规划的基础依据是什么？

答：国家从开展“多规合一”试点到空间规划，首要任务就是落实主体功能区中提出的四类区域的空间管控问题。2017年8月29日，中央深改组第三十八次会议，审议通过的《关于完善主体功能区战略和制度的若干意见》明确要求，要进一步完善主体功能区战略和制度，推动主体功能区格局在市县层面精准落地，并要求到2020年，符合主体功能定位的县域空间格局基本划定，陆海全覆盖的主体功能区战略格局精准落地，“多规合一”的空间规划体系建立健全。实现县域空间格局划定，主体功能区格局在市县层面精准落地的主要途径和方式也就是基于两个评价，划定“三区三线”。所以，空间规划的最基础的依据就是国家、省级主体功能区规划，依据主体功能区规划对区域进行空间定位及分区，并进一步落地。结合资源环境承载能力评价和国土空间开发适宜性评价这两个技术手段，全面摸清并分析国土空间本底条件，划定“三区三线”，形成空间规划底图，确保主体功能区格局精准落地，并最终形成“多规合一”的空间规划体系。

46. 空间规划的技术规范有哪些?

答:从“多规合一”试点到空间规划开展至现在,国家出台了诸多相关法规技术文件指导此项工作开展,主要包括《关于开展市县“多规合一”试点工作的通知》(发改规划〔2014〕1971号)《中共中央国务院关于加快推进生态文明建设的意见》(中发〔2015〕12号)《生态文明体制改革总体方案》(中发〔2015〕25号)《省级空间规划试点方案》《市县经济社会发展总体规划技术规范和编制导则》(发改规划〔2015〕2084号)《自然生态空间用途管制办法(试行)》(国土资发〔2017〕33号)《资源环境承载能力监测预警技术方法(试行)》(发改规划〔2016〕2043号)《生态保护红线划定指南》(环办生态〔2017〕48号)等。

同时,为了在技术上指导推进此项工作,我们中研智业集团在开展市县空间规划试点实践过程中,依据国家相关技术规范,抓紧技术规范标准研究,形成了一套较为完整的,包括数据处理、用地分类、空间底图绘制、开发强度管控、体制机制保障等一系列的技术标准措施,主要有:《空间规划(多规合一)编制技术指引》《空间规划(多规合一)数据资料收集处理规范》《空间规划(多规合一)数字工作底图编制技术规程》《“三区三线”划定技术规程》《空间规划(多规合一)空间开发强度测算方法》《空间规划(多规合一)用地分类标准》《空间规划(多规合一)多规差异矛盾处理协调办法》《空间规划(多规合一)空间管控办法》《空间规划(多规合一)数据库入库标准》《空间规划(多规合一)信息平台投资项目在线并联审批制度》《空间规划(多规合一)信息平台投资项目立项阶段并联审批工作规则(试行)》《空间规划(多规合一)工作管理办法》《空间规划(多规合一)管理暂行办法(或条例)》等。

47. 空间规划具体技术路径是什么?

答:通过对国家相关政策文件的学习,在“先布棋盘、后落棋子”的总体技术路线要求下,我们中研智业集团通过国内多个成功案例经验的考察,并根据我们多个市县空间规划项目的试点实践,总结了“四阶段、八步骤”的技术路径:

第一阶段:“布棋盘”。在全面调研并收集整理各类规划空间数据的基础上,制作数字工作底图、开展专题研究、完成基础评价,绘制空间规划底图。

第二阶段:“落棋子”。在空间规划底图的基础上,完成空间布局总图叠加生成,编制《空间规划》。

第三阶段:严管控。在空间规划成果的基础上,建立空间规划数据库和信息平台。

第四阶段:强保障。在总结空间规划过程的基础上,提出规划管理体制机制改革创新和相关法律法规立改废释的具体建议。

48. 空间规划的成果体系是什么？

答：根据国家一系列的法规政策，结合国内一批试点经验总结，尤其依据《省级空间规划试点方案》确定的技术路线，参照行业内大部分关于空间规划的理解与认识，按照我们中研智业集团在河南县、门源县、同仁县等市县级空间规划编制试点，以及省级空间规划课题方案的研究等总结，形成的空间规划成果体系为："两个评价、一套研究报告、一本规划、一张蓝图、一个平台、一套机制"。

两个评价：资源环境承载能力评价、国土空间开发适宜性评价。

一套研究报告：基础研究和专项研究。基础研究包括经济社会发展总体思路专题研究、空间发展战略专题研究、产业发展与布局专题研究、人口与建设用地规模专题研究、文物保护与旅游发展专题研究、环境保护与利用专题研究、基础设施廊道建设专题研究、体制机制创新专题研究等；专项研究包括生态空间与生态红线划定技术研究、"三区三线"划定技术研究、现行规划对比分析研究、开发强度测算研究、空间管控研究、用地分类研究等。

一本规划：《空间规划》文本、图册。

一张蓝图：从数字工作底图到空间规划底图，最终形成空间布局总图。

一个平台：空间规划数据库及信息平台。

一套机制:通过研究提出规划管理体制机制改革创新和相关法律法规立改废释的具体建议。

49. 空间规划与“多规合一”技术路径的异同?

答:起初“多规合一”试点的出发点是分析差异,解决各类规划打架的问题,其技术路径的核心内容在于明确多规的差异有哪些,如何解决差异,也就是基于现状的各类规划,划分三类空间、对比找出差异、协调统一边界线、提出规划调整的建议。但是,随着试点的进行,我们发现着重解决各部门的矛盾差异不现实,也很难实现。尤其《省级空间规划试点方案》出台,明确了“先布棋盘,后落棋子”的技术路线,所以,转而以资源环境为本底,开展两个评价,基于两个评价,分析空间的发展现状、发展潜力,结合主体功能区规划,测算开发强度,划定“三区三线”,也就是说“三区三线”的划定是基于空间适宜性及资源环境承载力,而不是现状需要多少,这也是空间规划和最初的“多规合一”最大的区别所在。在“三区三线”划定完成后,落实空间布局总图的时候,将各类空间规划落实到空间规划底图上,完成空间布局总图的绘制。

 50. 空间规划与“多规合一”到底是不是一回事?

答:关于“多规合一”的由来在前边说明的比较多,试点和实践时间较长,因此大家均比较清楚,不再赘述。关于空间规划的提出在前面也进行了说明,为了进一步说明情况,在这里简要说明。2015年9月,中共中央、国务院出台《生态文明改革总体方案》首次明确提出,要整合目前各部门分头编制的各类空间性规划,编制统一的空间规划,实现规划全覆盖。2015年11月,十八届五中全会关于《中共中央关于制定“十三五”规划的建议》指出,以主体功能区规划为基础,统筹各类空间性规划,推进“多规合一”。

因为先有“两规合一”“三规合一”“四规合一”“五规合一”,在2014年国家四部委进行市县“多规合一”试点,2015年9月以后,尤其十八届五中全会后,以主体功能区规划为基础,统筹各类空间性规划,推进“多规合一”的定性基本延续至现在。同时,关于“多规合一”与空间规划关系问题,国家发改委有关负责人就《省级空间规划试点方案》答记者问进行回答说明,编制空间规划、构建空间规划体系是目标,推进“多规合一”是手段、是过程,开展省级空间规划试点也就是省域“多规合一”试点。进一步说明如下:虽然“多规合一”与空间规划的文字表达和提出时间要求不同,而且试点时的认识、做法和技术路径在当时环境下确实有差异,但二者的服务对象、初衷使命、本质要求、目标任务均是一致的，均要坚持和落实主体功能区战略和制度，深化空间规划改革，解决规划方面诸多不协调的现实问题，构建规划体系，提高治理能力和效率，实现“一张蓝图干到底”。因此，我们可以将空间规划与“多规合一”理解为一回事，空间规划最终也是要实现“多规合一”的空间规划。

51. 什么是资源环境承载能力评价？

答：资源环境承载能力评价是评价资源环境对经济社会的承载能力。资源环境承载能力是指在自然生态环境不受危害并维系良好生态系统的前提下，一定地域空间可以承载的最大资源开发强度与环境污染排放量以及可以提供的生态系统服务能力。资源环境承载能力评价的基础是资源最大可开发阈值、自然环境的环境容量和生态系统的生态服务功能的量的确定。

因此，资源环境承载能力评价其实就是区域的综合自然条件的分析评价。资源环境承载能力越高，越能够支撑经济社会发展，成为未来建设用地布局的首选区域。资源环境承载能力越低，则对经济社会发展的承载能力越弱，应划定为生态空间，作为区域发展的生态保障。

52. 资源环境承载能力评价的依据是什么？

答：我国关于资源环境承载能力的研究起源于20世纪80年代，经过近些年的不断探索，逐渐形成了涵盖“自然一经济一社会”的综合性承载能力研究成果。目前，资源环境承载能力研究尚未形成一套统一的理论与方法体系，且研究结果的客观性与可比性一直存在争议，评价方法和指标体系仍处于不断完善过程当中，目前主要依据是《资源环境承载能力监测预警技术方法（试行）》（发改规划〔2016〕2043号）。由于我国地域面积广阔，资源环境状况、承载状况千差万别，很难通过单一指标方法适用于所有区域，亟待建立较科学、合理的资源环境承载能力评价标准与技术规范。具体在评价过程中需根据各地的实际情况，在遵循规范的原则和要求下，可选取差异化的因子、指标和方法。

53. 资源环境承载能力评价的内容是什么？

答：资源环境承载能力评价是对资源生态环境的全面综合评估，以可持续发展、区域发展等相关理论为基础，结合各地社会经济发展、资源环境的特点和主体功能区规划分析相关影响因素，借用遥感、GIS等技术手段，针对土地资源、水资源、环境、生态等基础评价和主体功能区规划中特定地区的专项评价构建各项单因素承载力的评价指标和方法，然后在单因素承载力分析评价的基础上，进行集成评价，确定资源环境承载能力状况,划分预警等级,并提出提高资源环境承载能力的相关对策建议和保障措施。

从具体内容来看,资源环境承载能力评价从国土空间范围角度包括陆域评价和海域评价;从评价方法来看包括基础评价、专项评价和集成评价。

陆域评价包括土地资源评价、水资源评价、环境评价、生态评价、城市化地区评价、农产品主产区评价和重点生态功能区评价。其中,土地资源评价、水资源评价、环境评价和生态评价属于基础评价,城市化地区评价、农产品主产区评价和重点生态功能区评价属于专项评价。

海域评价包括海洋空间资源评价、海洋渔业资源评价、海洋生态环境评价、海岛资源环境评价、重点开发用海区评价、海洋渔业保障区评价和重要海洋生态功能区评价。其中,海洋空间资源评价、海洋渔业资源评价、海洋生态环境评价和海岛资源环境评价属于基础评价,重点开发用海区评价、海洋渔业保障区评价和重要海洋生态功能区评价属于专项评价。

集成评价是在陆域、海域基础评价与专项评价的基础上,遴选集成指标,采用“短板效应”原理确定超载、临界超载、不超载 3 种超载类型,符合陆域和海域评价结果,最终形成超载类型划分方案。

54. 资源环境承载能力评价结果是什么？

答:资源环境承载能力评价结果主要是划分超载类型和建立预警机制。在基础评价和专项评价的基础上，遴选集成指标，采用“短板效应”原理确定超载类型。通过过程评价判断资源环境耗损的加剧与趋缓态势。按照资源环境耗损过程评价结果，针对超载类型将预警等级划分为红色预警区（极重警）、橙色预警区（重警）、黄色预警区（中警）、绿色无警区（无警），并针对不同的预警等级分析超载成因，预研相关政策措施，最终建立资源环境监测预警长效机制。通过资源环境承载能力评价为科学划定“三区三线”奠定基础，保证空间规划的科学合理性。

55. 什么是国土空间开发适宜性评价？

答:国土空间开发适宜性是指在一定地域空间范围内，由资源环境承载能力、经济发展基础与潜力所决定的承载城镇化和工业化发展的适宜程度。

国土空间开发适宜性评价是利用地理空间基础数据，在核实与补充调查基础上，采用统一方法对全域空间进行建设开发适宜性评价，确定最适宜开发、较适宜开发、较不适宜开发和最不适宜开发的区域，优化国土空间开发格局和建设空间布局，构建高效有序的国土空间利用格局，促进可持续发展。

56. 国土空间开发适宜性评价的依据是什么?

答:我国的国土空间开发适宜性研究工作起步较晚,20世纪80年代引入国外方法,随后形成自己的评价系统并迅速发展,现阶段适宜性评价向精确化、定量化、数字化方向的发展取得了丰硕成果,但仍处于探索完善阶段,可依据的规范较少,在国土、环保等各相关行业领域均有涉及,但不全面不系统。目前主要依据是《市县经济社会发展总体规划技术规范与编制导则(试行)》(发改规划〔2015〕2084号),同时沿用在编制主体功能区规划时已形成的技术路径和指标体系。与资源环境承载能力类似,具体在评价过程中需根据各地的实际情况,可选取差异化的因子、指标和方法。

57. 国土空间开发适宜性评价内容是什么?

答:首先在开展国土空间开发适宜性评价之前需建立基于地理信息空间的基础数据库,然后采用主客观相结合的方法构建指标体系,通过人口集聚、经济发展、交通优势、区位优势等基础性评价和地形地势、土地资源、水资源、生态、环境、灾害评价等约束性评价,以及基础性评价的综合评价来考察国土空间开发的适宜程度,从而判断区域内各类国土空间适合进行开发的适宜性等级,以确定建设用地的发展方向和城镇化、工业化的适宜程度。

58. 国土空间开发适宜性评价结果是什么?

答:国土空间开发适宜性评价结果主要是评价国土空间开发的适宜性等级。将多指标综合评价结果与地表的实际现状进行综合集成,形成国土开发适宜性评价结果,分4个等级:一等为最适宜开发,二等为较适宜开发,三等为较不适宜开发,四等为最不适宜开发。等级越高,说明该区域发展潜力越大,越适宜进行开发;级别越低,则发展受限制程度越大,越倾向于保护。基于开发适宜性评价结果,结合现状地表分区,为科学划定城镇边界线和城镇空间奠定基础。

59. 空间规划必须开展两个评价吗?

答:是的。《省级空间规划试点方案》在之前"多规合一"试点的经验总结基础上明确了技术路径和要求,两个评价是开展空间规划工作完成一张图的基础性工作。空间规划编制前必须开展两个评价,以评价结果作为空间规划底图构建的重要依据。开展两个基础评价保证了空间规划的科学性和合理性。同时开展两个评价,延续了主体功能区规划的基本理念,也是贯彻落实生态文明建设的重要举措,目的是摸清国土空间的基本家底,是布好"棋盘"的基础,是落好"棋子"的保证。"棋盘"布得好不好,决定了最后落子成局的质量。并且开展两个基础评价,已经具备了比较成熟的技术方法和数据基础,保证了两项评价成果的科学性。

60. 空间规划依据除了两个评价，还考虑别的因素吗？

答：空间规划涉及多方面的关系，需要全方位考虑相关要素的影响，两个评价作为空间规划的基础依据，在开展过程中主要考察自然环境本底特征和相关社会经济发展的需要，现阶段其本身的要素已经相当全面。但是，一方面现行评价方法考虑仍然存在不可能满足所有空间评价需要的情况，无法做到面面俱到；另一方面除了两个评价之外仍然需要根据不同实际情况，确定相应的因素，比如国防安全、社会稳定、经济发展、环评等因素，以增加空间规划的科学合理性。

61. 什么是“三区三线”？

答：“三区”指城镇、农业、生态三类空间；“三线”指的是根据城镇空间、农业空间、生态空间划定的城镇开发边界、永久基本农田和生态保护红线三条控制线。

城镇空间：以城镇居民生产生活为主体功能的国土空间，包括城镇建设空间和工矿建设空间，以及部分乡级政府驻地的开发建设空间。

农业空间：以农业生产和农村居民生活为主体功能，承担农产品生产和农村生活功能的国土空间，主要包括永久基本农田、一般农田等农业生产用地，以及村庄等农村生活用地。

生态空间：具有自然属性、以提供生态服务或生态产品为主体功能的国土空间，包括森林、草原、湿地、河流、湖泊、滩涂、荒地、荒漠等。

城镇开发边界：为合理引导城镇、工业园区发展，有效保护耕地与生态环境，基于地形条件、自然生态、环境容量等因素，划定的一条或多条闭合边界，包括现有建成区和未来城镇建设预留空间。

永久基本农田：按照一定时期人口和社会经济发展对农产品的需求，依法确定的不得占用、不得开发、需要永久性保护的耕地空间边界。

生态保护红线：在生态空间范围内具有特殊重要生态功能、必须强制性严格保护的区域，包括自然保护区等禁止开发区域，具有重要水源涵养、生物多样性维护、水土保持、防风固沙等功能的生态功能重要区域，以及水土流失、土地沙化、盐渍化等生态环境敏感脆弱区域，是保障和维护生态安全的底线和生命线。

62.“三区三线”划定的依据是什么？

答：“三区三线”划定是《省级空间规划试点方案》确定的以主体功能区规划为基础，统筹各类空间性规划，推进“多规合一”的战略部署，是《省级空间规划试点方案》的总体要求和主要任务，“三区三线”划定的主要依据是主体功能区规划和“两个评价”结果。主体功能区规划对于国土空间进行了基本功能定位，将国土空间划分为优化开发区域、重点开发区域、限制开发区域和禁止开发区域，主体功能区规划是“三区三线”划定的基础，“两个评价”是对国土空间本底条件的反映，是“三区三线”划定的技术依据。

63. 两个评价结果与“三区三线”划定如何结合？

答：“两个评价”的结果反映出了国土空间的本底条件。资源环境承载能力评价从土地资源、水资源、生态系统健康度、生态服务功能等方面反映资源最大可开发阈值、自然环境的环境容量以及生态系统的生态服务功能，并对资源环境是否超载情况提出预警；国土空间开发适宜性评价通过对人口聚集度、经济发展水平、交通优势、区位优势、地形地貌、可利用土地资源、水资源等指标进行基础评价和集成评价。依据评价结果，将全区空间开发适宜性评价结果划分为最适宜开发区域、较适宜开发区域、不适宜开发区域和最不适宜开发区域4个等级。“两个评价”的结果反映出了整个区域的城镇适宜性、农业适宜性和生态适宜性情况，进一步通过功能性评价划定城镇功能适宜性评价图、农业功能适宜性评价图和生态功能适宜性评价图，最后依据三类功能适宜性评价结果结合城镇开发边界、生态保护红线、永久基本农田保护线范围，最终可确定“三区三线”。

64."三区三线"划定的技术流程是什么?

答:"三区三线"划定技术流程主要分为4个阶段,具体如下:

一是制作数字工作底图。收集地理国情普查成果、主体功能区资料、基础地理信息成果、各类规划资料以及保护、禁止(限制)开发区边界线资料及其他资料等;对现有资料进行整理、空间数据及统计数据处理;对处理后的数据进行数据生产,生成负面清单数据、三类空间地表覆盖数据、现状建成区数据、过渡区数据、空间开发评价数据等;通过外业核查等方式对所生产的数据进行数据整合和数据集成,最终形成空间规划数字工作底图。

二是开展"两个评价"。以主体功能区规划为基础,同时依据空间规划数字工作底图数据开展市县资源环境承载能力评价和国土空间开发适宜性评价,结合现状地表分区、土地权属,分析并找出需要生态保护、利于农业生产、适宜城镇发展的单元地块,划分适宜等级并合理确定规模,为划定"三区三线"奠定基础。

三是进行功能适宜性评价。根据资源环境承载能力评价和国土空间开发适宜性评价的结果,综合集成开展功能适宜性评价,包括生态、农业、城镇3个功能适宜性评价,评价结果划分为高、中、低3个等级。

四是划定"三区三线"。依据《生态保护红线划定指南》(环办生态〔2017〕48号),划定生态保护红线;以市县永久基本农田划定的最终成果为基础，划定永久基本农田保护红线；以“两个评价”结果为基础，按照“以人定地”与“以产定地”相结合的方法，科学预测市县城镇建设用地总规模，同时考虑未来长远发展，预留一定的发展空间，划定城镇开发边界。依据市县城镇功能适宜性评价、农业功能适宜性评价、生态功能适宜性评价三个评价结果依次划定城镇、农业和生态三类空间。

65. 生态红线划定依据是什么？

答：生态保护红线划定是《省级空间规划试点方案》中关于推进“多规合一”的战略部署和任务总体要求之一，生态保护红线主要依据《关于划定并严守生态保护红线的若干意见》《生态文明体制改革总体方案》《自然生态空间用途管制办法（试行）》（国土资发〔2017〕33号），以及《生态保护红线划定指南》（环办生态〔2017〕48号）进行划定，其中《生态保护红线划定指南》中明确规定生态保护红线划定工作程序、技术流程、生态保护红线管控要求等，它是空间规划中划定生态保护红线最重要的依据。

66. 生态红线划定内容是什么？

答：生态保护红线划定内容主要为生态保护红线的识别、划定以及管控。按照定性与定量相结合的原则，通过科学评估，识别具有重要水源涵养、生物多样性维护、水土保持、防风固沙等功能的生态功能重要区域，以及水土流失、土地沙化、盐渍化等生态环境敏感脆弱区域，根据地区特点以及保护要求，合理划定土地沙化敏感区生态保护红线、江河湖库滨岸带敏感区生态保护红线、生物多样性维护功能区生态保护红线、森林生态系统保护红线、禁止开发区生态系统保护红线等各类生态保护红线，最后按照功能不降低、面积不减少、性质不改变等要求，对生态保护红线进行严格管控。

67. 如何确定生态空间？

答：生态空间的确定主要依据“两个评价”结果以及生态空间内涵进行划定。依据“两个评价”结果，开展生态功能适宜性评价，依据生态功能适宜性评价结果来确定生态空间。

从生态敏感性和生态系统服务功能重要性出发，开展生态功能适宜性评价。首先，依据国土空间开发适宜性评价中的生态评价结果与土地资源评价结果，得到生态功能适宜性初步评价；其次，结合国土空间开发适宜性评价中的现状地表分区数据，得到生态功能适宜性中间评价，再次根据资源环境承载能力评价中的土地退化、地下水超采、地质灾害等数据，结合现状实际，对中间评价结果进行适当调整，形成生态功能适宜性最终评价结果；最后，根据生态功能适宜性评价结果以及生态保护红线确定生态空间。

68. 如何进行生态空间管制?

答:生态空间按照《自然生态空间用途管制办法(试行)》(国土资发〔2017〕33 号)进行空间管控。生态空间管控按照生态保护红线和生态保护红线外的生态空间进行差异化管控。

(1)生态保护红线原则上按禁止开发区域的要求进行管理。生态保护红线外的生态空间,原则上按限制开发区域的要求进行管理。

(2)从严控制生态空间转为城镇空间和农业空间,禁止生态保护红线内空间违法转为城镇空间和农业空间。

(3)禁止新增建设用地占用生态保护红线,确因国家重大基础设施、重大民生保障项目建设等无法避让的,由省级人民政府组织论证,提出调整方案,经环境保护部、国家发展改革委会同有关部门提出审核意见后,报经国务院批准。生态保护红线内的原有居住用地和其他建设用地,不得随意扩建和改建。

(4)禁止农业开发占用生态保护红线内的生态空间,生态保护红线内已有的农业用地,建立逐步退出机制,恢复生态用途。

(5)有序引导生态空间用途之间的相互转变,鼓励向有利于生态功能提升的方向转变,严禁不符合生态保护要求或有损生态功能的相互转换。

(6)在不改变利用方式的前提下,依据资源环境承载能力,对依法保护的生态空间实行承载力控制,防止过度垦殖、放牧、采伐、取水、渔猎、旅游等对生态功能造成损害，确保自然生态系统的稳定。

69. 对于划入生态保护红线范围内的现有设施，如工业项目如何处置？

答：生态保护红线原则上按禁止开发区域的要求进行管理。严禁不符合主体功能定位的各类开发活动，严禁任意改变用途，严禁任何单位和个人擅自占用和改变用地性质，鼓励按照规划开展维护、修复和提升生态功能的活动。因国家重大战略资源勘查需要，在不影响主体功能定位的前提下，经依法批准后予以安排。

按照生态保护红线的管控要求，工业项目不利于生态保护，对生态保护红线范围内已有的工业项目要本着底线管控的原则逐步清退，最终予以取缔，并及时恢复已经破坏的生态保护红线空间。

70. 城镇开发边界划定的依据是什么？

答：城镇开发边界划定，一方面，依据资源环境承载能力评价、国土空间开发适宜性评价，以生态保护红线、永久基本农田红线作为限制性依据，明确不能开发建设的国土空间刚性边界，同时提出允许开发建设的国土空间区块；另一方面，将预测的人口规模以及控制的城镇人均建设用地指标作为控制性依据，得出满足城镇发展所需的合理建设用地规模。

城镇开发边界划定中,以限制性依据、控制性依据为基础,综合考虑城镇发展定位,最终确定城镇开发边界。

71. 如何确定城镇空间?

答:在资源环境承载能力评价和国土开发适宜性评价的基础上,进行生态功能、农业功能、城镇功能三类功能适宜性评价。其中,城镇功能适宜性主要从资源环境、承载能力、战略区位、交通、工业化和城镇化发展等角度,根据资源环境承载能力评价和国土空间开发适宜性评价结果,结合现状地表的实际情况,将其划分为适宜程度高、适宜程度中、适宜程度低3种等级。

生态功能适宜性、农业功能适宜性、城镇功能适宜性评价完成后,按照以下方法集成,确定城镇空间:

第一步:将城镇开发边界以内区域划定为Ⅰ类城镇适宜区。

第二步:根据三类功能适宜性评价高值区划定城镇功能Ⅱ类适宜区。针对第一步未划定的区域,评价结果中仅有城镇功能一项适宜性为高的区域,划定为Ⅱ类城镇适宜区。对于城镇功能适宜性高,生态功能适宜性、农业功能适宜性至少其一为高的区域,原则按照生态—农业—城镇的优先级次序进行确定,局部地区可按照城镇发展集中制原则,划定为Ⅱ类城镇适宜区。

第三步:根据三类功能适宜性评价中值区和低值区划定

城镇功能Ⅲ类适宜区。针对上两步未划定的区域，评价结果中仅有城镇功能一项适宜性为中的区域，划定为Ⅲ类城镇适宜区。评价结果中两项为中，但生态功能适宜性为低的区域，一般按照农业一城镇一生态的优先级次序进行确定，也可按照三类功能的空间集中原则进行确定。

第四步：城镇功能适宜区集成。综合前三步，取全部城镇适宜区为城镇空间。

72. 城镇空间如何管控？

答：城镇开发边界将城镇空间分为城镇开发建设区和城镇开发建设预留区。

城镇开发建设区：严格执行相关规划的控制要求，注重城市特色塑造，禁止破坏性建设，对具有历史文化保护价值的不可移动文物、历史建筑、历史文化街区必须予以保留保护。统筹布局建设交通、能源、水利、通信等区域基础设施网络框架布局，避免对城镇建设用地形成蛛网式切割。优化城镇功能布局，节约集约利用土地，优先保障教育、医疗、文体、养老、交通、绿化等公共服务设施用地需求。引导产业园区向重点开发城市集中，提升工业用地土地利用效率。用地从注重增量土地向注重存量土地转变，提高土地利用效率。

城镇开发建设预留区：大部分用地在规划期内土地利用类型不改变，按原土地用途使用，按照现状用地类型进行管控，城镇、园区建设原则上不得占用，不得新建、扩建农村居民点。规划期内城镇开发建设区边界确需调整时，在不突破规划期城镇建设用地总规模的前提下，可在城镇开发建设预留区内进行调整置换，但调整的幅度不得大于规划城镇建设用地总规模的15%，且须在充分论证的基础上，提出调整方案，按程序报批。

73. 城镇开发边界建设用地确定什么？如何进行人、产定地？

答:城镇开发边界划定主要包括以满足人生活需要的城镇建设用地和以满足生产需要的产业或工业建设用地。《省级空间规划试点方案》提出了两种用地规模确定的路径方法，即以人定地、以产定地。

以人定地:通过人口规模和人均建设用地指标来确定建设用地规模。科学预测规划期内人口规模，基于现状人均建设用地指标，依据《城市用地分类与规划建设用地标准》(GB50137－2011)《镇规划标准》(GB50188－2007)以及各地区关于人均建设用地指标的规定，确定规划人均建设用地指标，人口规模与规划人均建设用地指标的乘积即人口规模确定的建设用地规模。涉及农业转移人口落户需新增城镇建设用地的，参照《关于建立城镇建设用地增加规模同吸纳农业转移人口落户数量挂钩机制的实施意见》，综合考虑人均城镇建设用地存量水平等因素，确定进城落户人口新增城镇建设用地标准为:现状人均城镇建设用地未超过100m^{2}的城镇，按照人均 $100m^2$ 的标准安排；现状人均城镇建设用地在 $100\sim150m^2$ 之间的城镇，按照人均 $80m^2$ 的标准安排；现状人均城镇建设用地超过 $150m^2$ 的城镇，按照人均 $50m^2$ 的标准安排。超大和特大城市的中心城区原则上不因吸纳农业转移人口安排新增建设用地。

以产定地：通过工业增加值和地均产出确定建设用地规模，常用于预测独立产业园区建设用地规模。以产定地关键是科学确定合理的地均产出，地均产出分存量用地、增量用地两部分。存量用地基本沿用现状地均产出，增量用地依据地方现状地均产出、周边省区同类产业地均产出、全国地均产出平均水平等，针对增量产业用地制定差异化的地均产出指标。综合考虑地方 GDP 增速、工业增速、现状产业园区增速、独立产业园区占比等因素，应用历年工业增加值和独立产业园区增加值作为基础数据（应收集不少于规划年限的多个年份数据），通过建立历史推演模型，预测得出规划期末工业增加值、独立产业园区占比、独立产业园区工业增加值。工业产值的增加量与增量用地地均产出的比值即独立产业园区增量用地，增量用地与现状用地之和即独立产业园区建设用地规模。

74. 永久基本农田划定依据是什么？

答：永久基本农田根据土地利用变更调查、耕地质量等级评定、耕地地力调查与质量评价等成果数据，以国家、省、市县永久基本农田划定的最终成果为基础，按照《基本农田划定技术规程》(TD/T1032—2011),对规划期内需占用基本农田的重点项目进行梳理,按照“数量不减少、质量不降低”的原则在区域范围内对基本农田进行调整,划定永久基本农田保护红线。

75. 永久基本农田划定的流程是什么?

答: 永久基本农田是按照一定时期人口和经济社会发展对农产品的需求,依法确定的不得占用、不得开发、需要永久性保护的耕地空间边界。其划定的流程主要包括:

(1)基础数据收集整理。收集划定的永久基本农田、最新的土地利用变更调查、耕地质量等别评定、耕地地力调查与质量评价等成果数据。

(2)基本农田划出。市县根据国家、省级重点建设项目占用需求和生态退耕要求等进行基本农田划出。依据土地利用变更调查、耕地质量等别评定、耕地地力调查与质量评价等成果数据,统计分析划出基本农田的数量和质量情况。

(3)确定基本农田补划潜力。根据最新的土地利用变更调查数据,充分考虑水资源承载能力约束因素,明确在已划定基本农田范围外、位于农业空间范围内的现状耕地,作为规划期永久基本农田保护红线的补划潜力空间。依据土地利用变更调查、耕地质量等别评定、耕地地力调查与质量评价等成果数据,明确补划潜力的数量和质量情况。

(4)形成划定方案。校核划出永久基本农田和可补划耕地的数量和质量情况，按照“数量不减少、质量不降低”的要求，确定永久基本农田划定方案。最终形成永久基本农田划定情况表、永久基本农田调整补划情况表、永久基本农田调整补划分析图、永久基本农田数据库等划定成果。

 76. 如何确定农业空间？

答：农业空间是以农村居民生产生活为主要功能的国土空间，包括耕地、改良草地、人工草地、园林、农村居民点和其他农用地等。确定农业空间首先需要进行农业功能适宜性评价。从农业资源数量、质量及组合匹配特点的角度，将国土空间中进行农业布局的适宜性程度划分为高、中、低 3 个等级。优先将永久基本农田划入农业空间，生态保护红线内区域划入生态空间，城镇开发边界内区域划入城镇空间。剩余未划定区域，对照生态空间适宜性评价、城镇空间适宜性评价，将以下区域划入农业空间：

（1）农业功能适宜性高，其他适宜性中或低的区域。

（2）城镇功能适宜性高，农业功能适宜性高，生态功能适宜性中或低的区域。

（3）对于各项评价均为中或低，但所在地主体功能区定位为粮食主产区的，优先划入农业空间。

（4）对于城镇功能、生态功能、农业功能三类中有两项适宜性评价结果为中，但与其主体功能区定位对应的功能类型适宜性为低的区域，一般优先划入农业空间。

77. 如何进行农业空间管制?

答:为保护基本农田与耕地,确保农产品质量安全和产量,合理引导农村居民点建设,对农业空间应按照基本农田及其他农业空间分别进行管控。

农业空间内的基本农田应由县级以上地方各级人民政府土地行政主管部门和农业行政主管部门按照本级人民政府规定的职责分工,根据《基本农田保护条例》进行管控。基本农田一经划定,任何单位和个人不得擅自占用或改变用途。一般建设项目不得占用永久基本农田,在可行性研究阶段,必须对占用的必要性、合理性和划补方案的可行性进行严格论证;农用地转用和土地征收依法依规报国务院批准,确保土地利用总体规划确定的本行政区域内基本农田的数量不减少。

其他农业空间应加强土地整理,提高耕地质量,可进行必要的区域性基础设施建设、生态环境保护建设、旅游开发建设及特殊用途建设,严格控制开发强度和影响范围。优化村庄布局,集聚发展,实行农村居民点建设规模总量和强度双控,禁止城镇建设,禁止产业集中连片建设,禁止采矿建设。

78. 空间规划开发强度如何确定?

答:开发强度指一个区域建设空间占该区域总面积的比例,空间规划通过确定建设用地规模而确定该区域的开发强度。开发强度的测算方法主要有两种形式:以人定地和以产定地。以人定地一般在人口预测的基础上,按照规划人均城市建设用地水平、经济社会发展水平、城镇化发展趋势,确定城市建设用地规模。以产定地通过确定产业总产值的增量目标和地均二、三产的产出水平来确定城镇建设用地以外的工业用地、服务业用地的规模。同时考虑其他建设用地规模,如农村居民点、基础设施、采矿用地、风景名胜区设施等用地,最终确定区域开发强度,并将开发强度分解到城镇空间、农业空间和生态空间。

根据《全国国土规划纲要(2016—2020)》,2015年我国的国土开发强度为4.02%,城镇空间为8.9万km^2;到2020年,国土开发强度为4.24%,城镇空间为10.21万km^2;到2030年,国土开发强度为4.62%,城镇空间为11.67万km^2。《全国土地整治规划(2016—2020)》提出,在规划期内,促进单位国内生产总值建设用地使用面积降低20%。

开发强度管控是空间规划的两个重要控制内容之一,也是比较新的管控要求。开发强度与区域现情状态、国土特点、区位条件、发展水平、发展趋势、城镇化水平、工业化水平、发展潜力等紧密相关。目前关于开发强度主要涉及满足生活和生产需要的建设用地简要的衡量办法,这办法参照了之前城乡规划的指标,以产定地尚未有成熟计算模型,因此更为深入和科学的算法和模型等均处于研究探索阶段,我们也安排了专题进行以产定地的深入研究,力争能有科学模型算法出来。

79. 空间规划管控原则是什么?

答:空间规划管控原则制定以“三区三线”为载体,将各部门分区管控目的与管控原则有机整合成一套综合管控原则,以满足“三区三线”管控要求,有效指导空间开发与保护。

空间管控原则实行分级管控。一级为三类空间管控,主要明确开发强度、开发与保护原则方向,对贯穿连接三类空间且与其共同构成区域空间发展底图的区域性基础设施网络,确定建设和预留的管控要求;二级为六类分区管控,根据六类分区功能定位和保护重要程度,制定差异化的空间管控原则,在各类分区中针对各类空间要素叠入提出空间开发行为的准入要求、准入条件和管控严格程度,明确禁入要求;三级为土地用途管控,重点针对空间规划土地利用分类二级地类,从现状管制、规划管制和审批管制等方面确定管控原则。

80. 什么叫“棋盘”,如何“定棋盘”?

答:以主体功能区规划为基础,落实城镇、农业、生态空间和城镇开发边界、永久基本农田、生态保护红线、“三区三线”;把各部门分头设计的管控措施,加以系统整合,与“三区三线”协调配套共同形成空间规划底图叫“棋盘”,是统筹各类空间性规划、叠入各类空间开发布局的基础框架。

绘制空间规划底图,首先要划定“三区三线”。在开展资源环境承载能力评价和国土空间开发适宜性评价基础上,首先，划定生态保护红线，并坚持生态优先，扩大生态保护范围，划定生态空间；其次，划定永久基本农田，考虑农业生产空间和农村生活空间相结合，划定农业空间；最后，按照开发强度控制要求，从严划定城镇开发边界，有效管控城镇空间。

在划定“三区三线”基础上，系统梳理和有机整合各部门空间管控措施，配套设计统一衔接、分级管控的综合空间管控措施，共同构成空间规划底图。

81. 什么叫“棋子”，如何“落棋子”？

答：空间规划底图（即“棋盘”）形成后，以其作为本底，将涉及国土空间开发的各类要素像“棋子”一样，按照“先网络层，后应用层”的顺序，依次叠入空间规划底图。

第一步叠入重大基础设施廊道；第二步叠入城镇建设层；第三步叠入乡村发展层；第四步叠入生态保护层；第五步叠入产业发展层；第六步叠入公共服务层；第七步叠入文物古迹层等。同时，在“落棋子”阶段针对叠入产生的差异冲突进行技术手段、法规和行政手段协调处理，主要依据“棋盘”，整体或逐步进行“棋子”调整，以适应空间规划底图管控要求，划定各类控制线，即完成了“落棋子”的全过程，最终形成全域空间布局总图，真正形成“一本规划、一张蓝图”。

82. 如何客观正确理解多规叠加矛盾差异?

答:关于"多规合一"与空间规划的技术路径的异同前边做了说明,发改委部门负责人答记着问也回答了此问题,主要意思是空间规划不能局限于或陷入多规矛盾差异图斑的细节技术处理中,所以调整思路确立了后来的"先布棋盘、后'落棋子'"的技术路线,从而进行国土空间管控。大的思路理念和方法路径是科学和可行的,但有个问题我们必须明确,多规之间的矛盾差异是现实存在的,而且是历史长期积累下来的,不关注或不细究不代表矛盾自然消除。我们清楚,多规冲突矛盾产生的最根本的问题是体制机制问题,省级空间规划的理念及确立的技术路线,主要是调整思路、理念,从抓问题本质出发,及如何进行科学有效和有序的解决这些问题,并不是刻意绕道回避问题。如以两个评价为科学的技术依据,开展"三区三线"划定,形成规划底图,主要是要形成所有空间规划的底盘和基础依据,使得各类规划在空间上要有依可循,自然也就找到了解决冲突矛盾问题的标准。在实际的项目实践操作过程中,现状多规叠加作为专题研究部分,必须进行梳理和发现问题,作为划定"三区三线",尤其城镇增长开发边界的主要参考之一;其次,在空间规划底图上叠入其他规划图层最终形成空间布局总图时,肯定会出现与底图的差异矛盾,此时一旦底图确定,六类空间管控措施形成,其他类规划必须调整适应并与底图保持一致,也就达到了解决冲突矛盾的目的。

83. 如何协调处理“多规”差异矛盾?

答:“多规”中的差异矛盾主要包括基础性差异、空间管控和用地性差异等。结合《省级空间规划试点方案》关于统一基础的工作要求,各种差异矛盾协调处理思路如下:

期限差异:依据《省级空间规划试点方案》中提出统一规划年限至2030年。根据党的十九大报告,规划期限可以考虑统一至2035年。

目标差异:进行空间规划时,统一各类规划的思路、定位、战略、目标,作为战略级目标引领。

指标差异:构建统一的指标体系,实现指标数据的统一管理,并以国民经济发展规划为节点,实现5年一次大调整,具体数据实现每年更新。

用地标准差异:主要是城乡规划和土地利用规划对于用地分类的差异,结合城乡规划和土地利用规划的用地分类标准,制定空间规划用地分类标准,统一用地。

空间管制差异:主体功能区规划、城市总体规划及土地利用规划均对空间有分类及管控措施,依据空间规划划定的“三区三线”,共六类空间,进行统一管控。

建设用地差异:在用地标准统一的基础上城市总体规划与土地利用规划的建设用地差异,结合空间发展适宜性评价、城市规模的预测、未来发展等进行差异协调,差异协调以维护生态安全,保障粮食安全为前提,根据用地项目的性质、类别、状态等进行实际的管控调入调出,最终实现建设用地的属性一致。

非建设用地差异:林地和草地等的差异协调建议采用部门磋商的形式,制定相应的措施标准,在空间规划六类空间管制原则下,动态调整,逐步调整,动态统一。

 84. 空间规划涉及用地权属的唯一性和属性一致性如何实现?

答:依据《省级空间规划试点方案》,空间规划的任务之一是要统一各类规划的基础数据,统一规划期限、统一用地分类标准,统一目标指标,从而最终实现同一国土空间用地属性的一致性。从技术角度来说,消除各类规划,特别是城乡规划与土地利用规划之间用地性质的差异,达到用地性质一致,已经不成问题,通过运用GIS技术,建立统一的数字工作底图来实现。但解决空间规划用地属性的唯一性,难度在于上层部门之间各自为政,信息共享不畅,导致数据协调难度大,空间规划成果难以法定化。更深层次的原因是我国规划体制机制、各规划领域的法规标准的差异问题,再加上历史遗留问题,同时存在之前的数据失真等,这些是造成空间规划数据难以统一的根本原因。

因此,要实现用地权属唯一性和属性一致性,一方面需要多规叠加分析差异冲突原因,从技术上进行处理。同时,依据空间规划底图,进行管控约束,调整其他并与其保持一致,更重要的是深化机制改革创新,统一管理权限,统一各项法规标准体系。

85. 空间规划执行后如何进行用地属性的自然动态变化?

答:空间规划最终确保用地属性的一致性和权属的唯一性是个核心问题,也是个难点问题。之前“多规合一”进行消除多规叠加差异矛盾而达到“合一”的路径,在当前体制机制和法规标准下很难走下去,所以后边进行调整,以空间管控的思路方式推进空间规划。用地属性的一致性和权属的唯一性要不要达到,达到好与不好?答案是肯定的。但现实是,要达到确实有很多困难,实在是不容易达到。空间规划以“三区三线”进行六类空间管控是解决此问题的办法之一,其实最根本的办法就是全国各类与规划相关的法规的调整统一。用大空间管控用地类型和属性,从此项工作的推进上来说另辟蹊径,绕路前行,但事实上是实际差异仍然存在。所以,好多试点市县在这个问题上,搁置问题,继续前行,“一张蓝图”作为理想目标一张图,用时间进行各类规划的差异消磨处理。应当说,在较长时期的发展动态中,应该能逐步解决这个问题。

即使这个问题最终全部解决并达到用地属性的唯一和一致,但在实际的自然生态界,因为各类用地的不同划分标准,加上自然地理条件变化,使得各种用地性质仍然存在自然动态转换,如农地、草地、林地的自然转化等。因此,可以得出,空间规划用地属性的唯一和一致是一个动态变化的过程,不是一劳永逸的事,需要后期进行动态优化调整。

所以,要尊重用地属性自然生长的现实,空间规划执行后要通过建立信息平台,对各类数据进行智能化、系统化管理。通过信息平台的分析和管理功能，可对各类数据进行实时跟踪与监管，需要进行更新的数据通过系统平台定期录入，可快速进行数据替换与更新。

86. 多规叠加合一划定哪些控制线?

答:多规叠加合一，应根据主体功能定位、资源环境承载能力评价结果、国土空间开发适宜性评价结果，在划分生态、农业、城镇三类空间(即空间规划底图)的基础上，划定保护类、建设类、基础设施类和其他类控制线。保护类控制线包括生态保护红线、永久基本农田、林地保护红线、文物古迹保护线等;建设类控制线包括城镇开发边界、产业开发边界等;基础设施廊道类控制线包括铁路、公路、长输管道(输油、输气、输水)、电网等重大基础设施廊道控制线;其他类是为了满足各个区域的差异特点划定的特殊类控制线，如矿产资源、生产安全、煤炭资源开发等。

87. 空间规划一张图是怎样生成的?

答:首先，在全面调研和收集各项数据资料并在整理分析的基础上，依据空间规划数字工作底图制作办法，制作工作底图。其次在开展资源环境承载能力评价和国土空间开发适宜性评价的基础上，科学划定“三区”(生态空间、农业空间、城镇空间)和“三线”(生态保护红线、永久基本农田、城镇开发边界)，形成空间规划底图，布好“棋盘”，确定整体空间格局，并制定统一衔接、分级管控的综合空间管控原则。在空间规划底图上，叠入重大基础设施、城镇建设、乡村发展、生态保护、产业发展、公共服务等专项空间规划要素，落入“棋子”。在叠入过程中，对于各类空间要素出现的差异矛盾，按照尊重并适应底图的原则，形成协调处理规则，并依次叠入基础层、网络层、应用层不同的空间要素，形成有机整合的空间规划一张图。

 88. 空间规划怎么能确保“一张蓝图干到底”？

答：“撸起袖子加油干、一张蓝图干到底”是习近平总书记的要求，是开展空间规划，推进“多规合一”的中心任务。直到当前我们时常一张蓝图干不到底，其中的原因在前面也进行了较多的分析说明，除理念认识、体制机制原因之外，历史现状问题也很多，手段方法软化、滞后导致管控不到位，出现人为随时干预。

通过以上关于空间规划技术路线、工作成果及各类控制线的划定等内容可以看出，本次开展空间规划，推进“多规合一”所形成的“一张蓝图”，依托两个评价划定了“三区三线”并制定了管控措施，达到了各类空间规划统一。同时，建立数据库进行规划空间数据共享，进一步转变为信息平台，进入项目合规性审批环节，最后建立了一套法规标准和管理办法。这些技术手段和方法，再加上国家研究并逐步实现机制法规保障，应该能大大降低人为干预性或大大增加干预的难度和技术门槛。所以说，如果按照当前的技术路径完成了空间规划，达到了“多规合一”并能真正付诸实施，应该能做到并确保“一张蓝图干到底”。

 89. 为什么要建空间规划数据库？

答：通俗地讲数据库就是存储数据的仓库，那么空间规划数据库就是在计算机、服务器等硬件上存储的相关地理空间数据的总和。我们建立空间规划数据库就是为了将各类规划数据、图纸、地理信息等数据转化为计算机语言后，合理地、有顺序地存放在相关硬件介质上。就好比在仓库内分门别类地将物品存放。这样的好处是数据库调取内容方便、快捷，并且具有较高的易扩展性和独立性。空间规划数据库是后续建设空间规划信息平台的核心，因此空间规划数据库的建设是一项至关重要的工作。

 90. 空间规划数据库主要包含什么内容？

答：空间规划数据库主要包含空间规划基础地理信息数据库、空间规划编制成果数据库、相关业务审批数据库和其他相关资料数据库等。具体来说基础地理信息数据库包括卫星影像图、中心城区地形图、其他区域地形图、行政界线等各类型基础数据；空间规划编制成果数据库包括土地规划期末地类数据、城乡规划拼合数据、建设项目布局数据、空间规划用地数据等各种类型成果数据；相关业务审批数据库包括建设项目立项、建设用地选址意见书、建设项目用地预审意见、环评意见、林业意见等一系列审批意见；其他相关资料数据库包括土地规划图、矿产资源规划图、林地保护规划图、水资源规划图、地质灾害防治规划图等规划数据。

91. 如何建立空间规划数据库？

答：建立空间规划数据库，整体上可分为五个步骤。一是资料收集，包括各种图形、图像、文本数据，规划成果数据；二是数据的转换，这主要是针对各部门规划数据、各种类型的数据、不同坐标系的数据，对于数据进行必要的数据转换工作；三是数据的编辑和录入，就是对空间数据进行编辑和数据属性表的录入；四是数据的质检，针对在数据转换中出现的各种问题，进行修改和修正；五是数据的入库，在进行完上述工作后，把满足“空间规划一张图”标准的数据库的数据导入空间规划数据库。

92. 为什么要建空间规划信息平台？

答：建设空间规划信息平台，主要目的是以空间规划“一张图”数据库为基础，完善空间规划体系，系统整合各层次、各行业规划和基础地理信息、项目审批信息、用地现状信息等，建立一个集基础数据共享、监督管理同步、审批流程协同、统计评估分析、决策咨询服务于一体的空间规划信息平台。可以说，建设空间规划信息平台，是落实空间规划的政策要求，是实现主体功能区建设在市县精准落地的信息支撑，是空间规划“一本规划、一张蓝图”成果的载体，是落实国土空间用途管制的重要手段，更是实现国家空间治理能力现代化的主要途径。

 93. 空间规划信息平台要实现什么样的功能？

答：空间规划信息平台主要应包含以下功能：一是规划分析，信息平台提供对区域内现状各类规划的成果展示、梳理整理、差异分析等基础功能。通过平台能够迅速、全面、系统地了解区域内发展现状、规划现状以及存在问题，展现国土空间本底条件。二是辅助编制，利用信息平台，对空间规划编制，从两个评价、“三区三线”划定到最终“一张蓝图”形成，实现规划辅助编制功能。同时，实现辅助规划数据的冲突检测，差异展现，以及规划成果的联动更新，提交成果统一检测冲突，最终成果统一入库管理。三是成果管理，实现空间规划从“布棋盘”到“落棋子”，再到最终“一张蓝图”形成的各个阶段成果的调用、查看、分析、统计等功能。针对空间规划以及其他规划的修订、评估、监管，在平台上实现各部门流程审核功能。四是规划应用，实现空间规划信息共享、项目辅助选址、业务审批，通过统一的窗口进行报建，城乡建设、自然资源、环境保护、发改等各部门人员可以登录到统一平台上进行协同办公，利用平台加强对国土空间的管控。五是智慧延伸，利用新一代信息技术手段，实现城市地下空间管理，地质信息管理，生态空间、国土实时监测，3D 模拟工程项目建设效果等功能。为建设智慧政府、智慧社会、智慧城市提供功能扩展、延伸。

 94. 空间规划信息平台建设内容模块是什么?

答:空间规划信息平台建设主要包括五大系统:一是规划分析系统,重点对区域内现状规划进行梳理分析和比对,形成现状一张图;二是智能评价系统,利用信息平台,实现智能生成两个评价平台结果,同时展示各评价条件下的数据图形以及最终评价成果;三是规划编制系统,展示从工作底图的绘制到最终形成一本规划和一张蓝图过程中,各阶段空间规划编制成果图层;四是规划管理系统,对规划实施到修订、评估各阶段进行在线管理,利用平台实现空间规划各阶段流程控制,保障规划的顺利实施;五是规划应用系统,利用平台,实现项目合规检测、辅助选址、项目管理、并联审批等应用功能,提高政府服务效率,同时延伸到移动服务、数字城市,最终实现智慧城市的建设功能。

 95. 空间规划信息平台如何应用?

答:对于普通群众来说可以通过空间规划信息平台了解与监督空间规划相关工作,切身体会城市发展的进程。对于项目建设方来说,可以通过信息平台进行项目的报建工作,从过去为一个项目的审批要“跑断腿”到网上全流程解决,更加方便、快捷。对于政府各职能部门,各部门人员可以登录到统一平台上进行协同办公，实现规划数据、审批信息共享，提高审批效率。

96. 空间规划数据库与信息平台如何衔接？

答：空间规划信息平台是基于空间规划数据中心、各业务数据库等为数据基础，搭建空间规划信息平台，实现建设项目并联审批，多部门之间的业务协同的应用系统。可以说空间规划数据库是信息平台的基础，信息平台所实现的各种功能是以空间规划数据库作为支撑的。两者的衔接就是通过信息平台或者管理软件的开发来实现的。

97. 空间规划信息平台软硬件建设需要配套什么条件？

答：在软件方面，一是浏览器要求支持 IE8.0 以上版本浏览器；二是服务端和客户端操作系统，系统服务端要求采用类 Windows 或 Linux 操作系统；系统客户端要求支持 Windows XP、Windows Vista、Windows 7/8/10 等操作系统。硬件通常需要专用机房(包括恒温控制设施、UPS 电源、防火设施、电子显示屏)、数据备份、服务器、交换机、路由器以及 PC 终端设备等。这里提到的计算机房必须达到防尘、屏蔽、防静电、空调回风、防漏水、隔热、保温、防火等要求，确保计算机系统有一个良好的电磁兼容工作环境。

98. 空间规划信息平台后期如何维护？

答：信息平台后期维护是指为适应各种变化、保证系统正常工作而对系统所进行的修改，包括系统功能的改进和解决系统在运行期间发生的问题。从维护主体上说，空间规划信息平台后期维护首先是政府部门结合信息化管理现状，搭建信息中心或信息办等组织体系，安排专业技术团队，保障平台有效运行。从维护内容上说，一是确保计算机信息系统安全稳定运营；二是对各项应用、各项业务的性能、效能的优化、整合、评估、更新等服务；三是保证最大限度地保护并延长已有投资，在原有基础上实施进一步的应用拓展业务。

99. 空间规划信息平台与智慧城市的关系？

答：空间规划信息平台是智慧城市建设的基础平台，提供全域空间基础和管控数据。空间规划信息平台完全可以和“智慧城市”相结合，通过政务资源融合、疏通公众政府沟通渠道等方式，实现更透彻的规划实施效果评估、更广泛的信息共享与互联互通、更深入的分析与决策支持。空间规划信息平台与智慧规划、智慧国土、智慧市政等管理系统进行对接，并将逐渐延伸到环保局、水务局、教育局等其他部门，最终形成相互配合、相互制约、相互促进的互动机制，构建一个协作、均衡、稳定、和谐的空间规划智慧管理体系，能够更好地促进智慧城市的建设与发展。

100. 开发区有没有必要开展“多规合一”?

答:开发区是一个较为独立的经济区块,是市县创新引领的载体、先行先试的基地、对外开放的主窗口、吸引投资的主阵地以及经济发展的强力引擎,对促进体制改革、改善投资环境、引导产业集聚、发展开放型经济发挥着不可替代的作用。

开发区作为市县经济社会发展的重要功能区块,是开发边界、开发强度、用地规模、用地指标、产业区块控制等各类空间要素管控功能进一步落地实施的重要载体和有效途径。开发区更加需要用底线思维强化各类空间关键性资源要素的配置管控。

随着大数据、云计算和移动互联网等新一代信息技术的蓬勃发展,催生了经济增长的新业态,推动着新型智慧开发区建设。开发区“多规合一”在一张蓝图、一个平台的支撑下,积极应用智能化手段,改善开发区综合管理,实现智慧运行。

综上所述,开发区无论从其承担区域先行先试功能、注重关键要素管控、深化改革创新,还是智慧园区建设需要,开展“多规合一”意义重大,是智慧园区建设的基础功能和平台。

101. 开发区开展“多规合一”目的意义是什么?

答:开发区开展“多规合一”的主要目的意义体现在:一是深入推进改革和创新,带动开发区在创新驱动发展、产业结构优化、完善管理体制等方面实现综合性、引领性的改革和创新,加快开发区发展方式的转变。二是协调开发区与市县各种规划之间的衔接,解决开发区与市县以及开发区自身规划之间内容冲突、边界重叠或空白、缺乏衔接协调等问题,最终建立统一的空间规划体系,构建"一张图"成果模式,确保规划有效落地实施。三是强化开发区空间管控,实施科学高效的开发区空间治理,推进开发区空间治理体系现代化,实现高效集约利用。四是搭建开发区管理平台,在平台上完成业务流程审批,管理开发区空间及综合专题数据,最终以实现开发区运行状态智慧化、智能化、最优化为目的。

 102. 开发区"多规合一"与市县空间规划(多规合一)的关系有哪些?

答:首先,市县空间规划范围涉及全域管控,开发区作为市县国土空间的构成部分,也是市县空间规划范围的重要组成;其次,产业建设用地是划定"三区三线"中城镇空间和城镇增长边界的重要组成部分,开发区作为市县乃至区域经济产业发展的主要载体,是市县空间规划建设用地控制重点内容之一;第三,开发区是市县影响环境和生态的敏感区,是市县空间规划重点管控区域。同时,开发区作为一个较为独立的经济区域,是区域创新引领的载体、先行先试的基地,可为市县开展"多规合一"先试先行、提供经验、奠定基础。综合以上,开发区"多规合一"既是对市县空间规划重点管控区的

理解与思考

进一步落实,同样也可为市县空间规划整体开展进行先行先试,提供经验借鉴。

103. 开发区"多规合一"与市县"多规合一"如何衔接?

答:从两者的关系可以看出,从开发区局部与市县整体开展空间规划,推进"多规合一"须做好衔接工作:一是开发区"多规合一"理念思路、目标任务、技术路径等方面,尤其是统一数字工作底图的技术标准和要求与市县空间规划保持一致;二是开发区用地边界、空间要素与市县空间规划"三区三线"衔接,符合市县空间规划要素管控要求,并在其约束管控之内;三是开发区产业用地规模、开发强度与市县空间规划的建设用地总规模和总体开发强度衔接,符合开发强度、投资强度、产出强度等强度管控要求;四是开发区"多规合一"信息平台要与市县"多规合一"数据库及管理平台无缝对接,实现信息共享共用。总之,开发区作为市县的重要组成部分,其"多规合一"与市县空间规划应在技术标准、边界范围、开发强度和数据平台等方面做好充分衔接的前提下,进一步突出开发区的要素特点和管控重点。

104. 开发区"多规合一"的管控重点是什么?

答:"多规合一"旨在站在空间管控和科学、合理、和谐的角度，确保国土空间高效、集约、可持续利用。加快推进规划体制改革，有机整合各类空间性规划内容，统筹协调平衡空间布局，构建统一衔接、分级管理的空间规划体系，实施科学高效的开发区空间治理，保障人地和谐、协调发展、生态安全、环境安全、资源安全，是“多规合一”空间管控的目标要求。

开发区国土空间相对于市县空间来说，资源要素相对特殊，因此，需要结合开发区国土空间开发的实际需要，在市县“多规合一”的管控、约束和指导下，重点强化约束产业发展布局、开发强度、土地用途及规模、生态环境保护、基础设施、公共服务设施等方面的管控，并与市县空间规划充分衔接与融合，构建上下联动、协调一致、动态融合的空间规划和管理体系，推进开发区空间治理体系现代化。

105. 开发区“多规合一”的主要内容是什么？

答：开发区“多规合一”融合开发区各类规划的共性要素，协调规划之间的矛盾和差异，其主要内容为：完善各项主要规划、科学开展空间开发评价、构建一张蓝图、搭建信息管理平台、建立一套机制。

完善各项主要规划是结合开发区规划编制的实际情况，编制和完善开发区的经济和社会发展规划、总体规划、产业发展规划、土地利用规划、环境保护规划等主要规划，为“多规合一”融合衔接提供基础依据。

科学开展空间开发评价是依托市县“两个评价”，进行开发区空间开发评价研究，科学判断空间资源环境承载能力状况以及空间开发的适宜性等级，引导开发区规划编制以及经济社会各项活动在资源节约、环境保护的基础上科学发展和可持续发展。

构建一张蓝图是在规划底图的基础上，划定产业用地控制线、生态控制线、公共服务设施控制线、公用设施用地控制线、文物保护控制线、生产安全控制线、地下管网控制线等，同时制定出各类控制线的管控措施。

搭建信息管理平台，即开发区“多规合一”信息平台，主要实现图层操作、信息查询、多规成果质量检查、多规冲突分析、数据共享和交换、统计汇总分析、控制线检测、项目选址辅助决策、多规数据成果管理等功能，提供数据服务和功能服务等。

建立一套机制是指依据国家、省有关规章及行业标准规范，建设规划标准技术体系、空间管理法规体系、业务联合审批体系和协调运行保障机制，确保在“一张图”成果的牵引下法定规划实施的一致性。

106. 开发区“多规合一”的技术路径是什么?

答:开发区“多规合一”工作按照以下技术路径开展：一是统一基础数据，完成基础数据的坐标转换，实现信息的无缝对接和共享共用；二是编制和完善开发区发展规划、产业规划、总体规划、土地规划、生态环保规划等主要规划，为“多规合一”融合衔接奠定基础；三是开展开发区空间开发评价研究，为科学确定开发边界规模、控制开发强度等提供基础依据；四是进行开发区范围内各项规划基础数据收集整理，按照统一的数据标准和统一的坐标系，形成开发区“多规合一”规划底图；五是最大程度协调与市县内各规划之间的矛盾，实现发展战略、发展空间、用地布局、技术标准等的全面协调和高度融合；六是以开发区规划底图为基础，完善开发区用地布局，划定开发区主要控制线，制定各类控制线的管控措施，形成开发区“一张蓝图”；七是进一步落实开发区“多规合一”的管控要求，完善总体规划、土地利用规划、产业规划等规划，形成“上下统一、完整衔接”的开发区“多规合一”规划体系；八是搭建信息平台，实现基础数据共享、监督管理同步、审批流程协同并联、统计评估分析、企业数字化管理等功能；九是构建由规划技术标准体系、空间管理法规体系、业务联合审批体系、协调运行保障体系等为主的一套机制。

107. 开发区“多规合一”的成果体系是什么？

答：开发区“多规合一”围绕“一张蓝图干到底”的总体要求，坚持生态保护优先理念，以主体功能区规划为基础，以各类规划为依托，以“一张蓝图”为中心，以平台为载体，以机制为保障，着力构建由“一套规划、一项评价、一张蓝图、一个平台、一套机制”组成的“五个一”成果体系。其中，一套规划包含开发区经济和社会发展规划、开发区总体规划、开发区产业发展规划、开发区土地利用总体规划、开发区环境保护规划等;一项评价为开发区空间开发评价;一张蓝图是通过各项控制线的划定形成开发区一张蓝图;一个平台即开发区“多规合一”信息平台,包括基础功能开发和拓展功能开发;一套机制主要包括规划技术标准体系、空间管理法规体系、业务联合审批体系、协调运行保障体系等。

108. 开发区“多规合一”控制线如何划定与如何形成一张图?

答:开发区“多规合一”在落实市县空间规划管控的基础上,结合开发区土地、产业、基础设施、公共服务设施等特定管控要素及特点,在市县空间规划控制线划定技术方法的指导下,遵循“生态优先、绿色发展,统一基础、科学评价,优化布局、节约集约,衔接融合、协调一致,要素管控、底线控制,信息共享、智慧运行”的原则,以开发区规划底图为基础,完善开发区用地布局,划定产业用地控制线、生态控制线、公共服务设施控制线、公用设施用地控制线、文物保护控制线、生产安全控制线、地下管网控制线等开发区特定要素管控线,同时制定出各类控制线的管控措施,最终整合形成开发区规划“一张蓝图”,保障开发区国土空间开发敏感脆弱区不受侵害,实现开发区科学持续发展。

109. 开发区“多规合一”信息平台建设更加注重什么功能?

答:开发区“多规合一”信息平台建设与市县级的空间规划信息平台建设类似,主要以三维地图、数据管理、项目审批、业务办理等功能为主,开发协同办公、物业管理、土地管理、规划管理、企业服务、基础地理信息、移动办公、大数据展示等子系统。除了上述基础功能外,要更加注重结合智慧开发区建设需求,通过信息平台与开发区电子政务系统进行数据对接,不断完善信息化配套设施及服务,使得两个平台互联互通、信息资源共享,积极应用智能化手段改善开发区综合管理,最终目标是推进开发区的智慧化建设,实现开发区运行状态智慧化、智能化、最优化。

实施推进篇

110. 省级空间规划与市县级工作开展的关系和先后顺序是什么？

答：两者之间没有明确的先后顺序。我们从前面的省级空间规划和市县"多规合一"试点工作认识到，省级空间规划主要是落实国家主体功能区规划的总体要求，主要目的在于落实国家层面的战略部署，摸清国土空间的本底特征和适宜用途，划定空间格局和功能分区，为市县"多规合一"工作进行整体部署安排、提供技术规程并给予指导。市县空间规划是省级空间规划的重要支撑和基础工作，两者之间并不是单向的自上而下分解执行或者自下而上拼合的关系，而是多次上下的协调统一，不能让省级空间规划和市县空间规划变成两个说法。因此，要在试点推进过程中实实在在地上下联动，把省级的宏观管理与市县的微观管控、省级的统筹协调与市县的具体要求有机结合起来，最终形成市县内一本规划、一张蓝图，使国家、省、市县各级的空间规划工作更加科学、实用，并具有更强的操作性、可持续性。

111. 国家确定"多规合一"及省级空间规划试点之外的省、市县是否有必要开展空间规划工作？

答：回答这个问题，首先得重温空间规划（多规合一）的目的意义和能够实现的功能，其次是研究目前已经开展的各级试点效果如何，探出的路径方法和标准规范是否具有一般性和可全面推广性。目的和意义已经多次说明,简言之就是充分衔接、解决矛盾,通过全域一张图实现国土空间的充分管控,从这一点上来讲,这项工作绝不仅仅适用于试点省份和市县,其具有在全国国土面积推广落实的政治任务和现实需求。从试点效果来看,根据我们中研智业集团实际操作的河南县、门源县、同仁县等案例和对宁夏回族自治区、厦门市、开化县为代表的不同层级的试点考察研究的结果来看,成果应该说比较显著,取得了从顶层设计到方法路径、技术规程、成果体系等各领域的突出成果,完全能成为可供全国其他省、市、县、地区借鉴和参考的丰富经验,为全国全面推广开展这项工作打下坚实基础。因此,我们可以说除了试点单位外的其他非试点单位省、市县有必要,也有条件积极主动尽快展开这项工作。同时,十九大报告明确提出要完成划定“三线”工作,实际上对此项工作提出了较为明确的时间安排。

 112. 省、地市、市县、园区或开发区是否都有必要单独开展空间规划?

答:答案是肯定的,各级政府及有管理国土开发利用职能的其他机构均有必要开展空间规划,但各有特色、各有侧重,最终形成上下一致、分级管控的体系。对其概念理解简单阐述如下:一是各级政府开展的空间规划出发点是相同的,但成果的功能要求和管控侧重点可以不同;二是空间规划应以市县一级为主,做好基础评价及研究、做好核心要素管控、布好“棋盘”落好“棋子”；三是地市一级处于中观层面，应与省级政府做好协调沟通，负责市辖区空间规划开展，同时指导市县和开发区空间规划工作，并做好基础数据衔接；三是省级政府应重点管理并控制底线，做好与地市级（市辖区）、市县的上下衔接工作，在底线和红线控制的前提下优化区域布局，对市县空间规划的总规模、总目标确定进行指导和控制，同时为市县及地市级空间规划信息管理平台留有接口和分级管理权限；四是开发区作为具有土地开发管理职能的一级机构，其产业功能特性及用地属性特点突出，除符合市、县级空间规划外，更应做好开发区国土空间开发评价研究，确定开发边界、开发规模和开发强度，建成要素管控、底线控制、信息共享、智能智慧的新型开发区。

113. 省级开展两个评价和生态红线划定工作，市县级有没有必要再开展此项工作？

答：此问题跟国家开展“多规合一”，省、市县有没有必要再做，省级开展空间规划市县级有没有必要开展的问题是一样的。答案是必须要开展的。一是市县级具有完整的国土行政边界，政府必须行使国土管控的基本职能，也就必须摸清自己管控行政国土内的自然本底和家底；二是由于国土空间面积规模的不同，省级开展两个评价和生态红线划定所用的基础数据精度不足以全面详实的反映市县的自然生态本底；三是从省级空间试点方案明确的技术路线和试点实践，要反复上上下下进行研究划定才能达到省级与市县“三区三线”划定的一致性；四是从两级政府的权利和激励来看，必须保证省级的指导约束与市县级的激励相融合，不是从上往下的单一的指标分解；五是落实主体功能区实施意见要求，必须实现主体功能区在市县级层面的精准落地，达到此要求，必须开展市县级两个评价和红线划定，全面摸清市、县级的本土家底，才能保障精准落地。

114. 空间规划(多规合一)目前存在哪些认识理解误区?

答:追溯我国规划法规管理及规划体系的延续演变，已有半个多世纪的历程，自从近年空间规划、“多规合一”提出及试点实施，公共管理部门、规划行业领域及社会大众等均对“多规合一”较为陌生和模糊，认识理解千差万别，甚至出现规划无用论、规划形式论、规划唯一论等不同论调。在空间规划体制改革、推进“多规合一”实践中，归纳常见的认识误区主要有以下几个方面：一是过分神秘化空间规划(如过分上层化、政治化、缥缈化)；二是滥用或浅显化空间规划(如逢规必“多规合一”，两规、三规视同“多规合一”，将城市总规修编、统筹城乡规划、发展战略规划或国土规划等视同“多规合一”)；三是形式化空间规划(如有部分人认为：此项工作是国家层面的事，距离我们很遥远；是形式面上的事，走走过程就行了；是阶段性的事，这段时间过去就完了；是上级部门的事，与自身关系不大；是战略层面的事，喊喊口号、提提要求就行了）；四是简单化空间规划（如有部分人认为：按照形式上的多个规划融合，按照“多规合一”理念进行各项法定规划修编，以区域城乡统筹规划或总体规划替代“多规合一”等）；五是难度化空间规划（如有部分人认为：空间不可能全域化，坐标不可能统一，方法不可能转化，技术不可能衔接，期限不可能统一，法规不可能兼容，标准不可能一致，体制不可能理顺，不可能落地实施等）。

空间规划并不是以上以偏概全的理解，其本质及要求也不是以上的认识，通过近几年的政策出台、不断试点实践，应该是从概念、体系、法规政策、技术、方法、路线、平台和保障等各个方面均取得了试点成果，且基本趋向成熟。构建空间规划体系，推进“多规合一”是实现习近平总书记要求的“一张蓝图干到底”的科学可行的路径方法。

115. 空间规划技术难点在哪里?

答：我国现行规划体系及法规要求，已经历了半个多世纪的演变发展，各自规划均形成了一定的技术法规、体系和惯例。从以上关于空间规划的技术路径和方法的问题说明中可以看出，此项工作是一项全新的技术路线、规划体系和法规标准，因为正处于试点阶段，全国统一的技术导则和规范尚未出台，因此在诸多领域仍然存在技术难点。存在技术难点的领域或环节主要为：两个评价、“三区三线”划定阶段、底图制作、基础数据统一、开发强度测算、用地统一分类办法、多规叠加用地矛盾协调处理办法、整体空间管控、平台开发建设等环节。但难易是相对的,目前我们通过实践整体空间规划、推进"多规合一"的技术方法、技术流程、路径及策略等已基本成熟,不存在大的难点和障碍,但如何进一步做得更为科学、更为优化、更为先进,尤其在整个技术导则规范、两个评价与"三区三线"衔接、开发强度测算、用地协调统一、空间管控、体制机制创新等这些领域仍然需要进一步深化创新研究,加强试点探索总结。同时,空间规划虽然技术性比较强,但工作的协调和处理过程也是相当重要的,后面会进一步说明。

116. 空间规划工作推进难点在哪里?

答:空间规划既是专业技术过程,也是行政协调处理过程,如:技术路径可行,但政府层面无法上下、左右协调统一,等于是无法合成一张图。几年来我们中研智业集团通过针对不同市县开展多项工作实践,总结出此项工作推进的难点主要为:

认识重视程度不够:多数市县普遍对此项工作认识不到位、不科学甚至不正确,造成不太重视。

基础理论知识缺乏:从上至下对空间规划缺乏系统了解,一知片解,基础和专业知识严重缺乏,造成推进工作难度大。

规划基础工作薄弱:空间规划不是从重新编制各类规划

开始,而是从既往既定的各类规划融合开始,部分市县诸多关键性规划缺失,基础工作薄弱,使“多规合一”成为“无米之炊”,甚至工作要从找“米”开始,大大影响了工作推进。

统一技术导则缺乏:国家出台了试点通知和要求,但大部分省份未配套具体技术导则规范,造成各试点市县做法和成果体系差异较大和参差不齐,最终将走部分弯路,影响省级空间管控。

工作协调难度较大:市县“多规合一”需要资料类型多且涉及政府所有部门,同时关键性的底图和资料均为涉密资料且不在本级政府管理,因此工作协调难度较大。

专业技术人员不足:“多规合一”与既往规划有着根本性区别,是全新的一套专业技术体系,同时涉及专业技术门类较多,因此市县基层部门专业技术人员普遍缺乏,造成推进对接工作较为困难。

多规协调处理法规缺失:“多规合一”叠加分析后将历史及现在的冲突问题全部展现,这些问题目前只有技术层面的考虑和办法,尚没有政府层面的法规及处理程序,造成最终控制线确定及划定工作较为困难。

总之,开展空间规划,推进“多规合一”是一项全新的工作,涉及专业领域宽、技术性强,同时国家规范标准缺乏,所以在工作推进中各部门对困难要有充分认识和准备,切不可半途而废或事倍功半。

理解与思考

117.对开展空间规划工作有什么建议?

答:此项工作是一项务实性工作,而且是真正管用、管长效且必须做的工作。结合以上对技术难点和工作推进难点的分析,我们中研智业集团建议重点做好以下几个方面工作:

一是明确技术路径。空间规划试点的技术路径尽管业界趋于大同和一致,但毕竟国家层面尚未具有法定性法规和通则、权威性的技术导则规范,当前各种技术路径和做法都有,在前边多次叙述过,因此要确定科学的技术路径。我们认为,结合之前"多规合一"试点关于多规叠加及差异协调处理技术路径的经验积累,按照省级空间规划试点方案确定的技术路径,目前已基本形成了比较成熟和科学的技术方法,关于此块的技术路径在其他问题里边已经进行了专门的说明。

二是加强组织协调。书记及市县长的认识水平,重视程度和是否直接负责牵头组织,对于此项工作的成败具有重要作用,我们多个项目实践,包括国内试点成功的案例,大部分或者均是一把手推动的结果,不然调研阶段的核心资料数据收集都存在困难。

三是选好牵头单位。空间规划涉及多项专业范畴、多个技术工种和领域,如果让政府部门人员直接对应协调各个技术工种,比较费事且不一定能牵起头。因此,选择好技术总牵头机构非常重要,尽可能选专业技术复合、统筹能力和实际能力强的机构。"多规"属于大规划范畴,建议选择具有研究规划为主,专业复合且综合协调能力强的机构,有些技术工种是空间规划的专业分工，但不一定能统筹牵头。

四是注重实施执行。空间规划技术合图只是第一步，更重要的是后续实施机制保障，要通过出台法规条例确保有规可依，同时要纳入行政政务日常工作序列，并得到一贯的执行。

最后，要不断加强学习、正确认识、真干实干、科学部署、注重积累、加快实践，要有长远考虑，加快空间规划落地管控和长效机制建立。

118. 空间规划与传统规划有何区别？

答：从前边对空间规划的概念、理论、技术路径等的全面分析可以看出，空间规划与传统规划有着本质的区别。从技术层面上说，空间规划的技术路径、方法与传统规划完全不同，用传统规划路线编制不出一张图；法规标准不同，空间规划法规标准尚未出台，传统规划法规标准没有办法指导空间规划编制；成果体系不同，空间规划是一套成果体系，两个评价、一本规划、一张蓝图，还有平台及法规机制保障，而传统规划有其较为单项的规划成果体系。从实施层面上看，虽然传统规划也要求科学性、系统性、落地性、约束性，但相比空间规划从分析国土本底条件、开展两个评价开始，到“三区三线”划定、空间格局构建、控制线划定及开发强度确定、数据库及平台的建设、保障平台的运行和项目并联审批等，传统规划是局部或某个专业领域内的系统、科学和落地，而空间规划更是国土空间的优化、系统布局、具体落地和有效管控。从目前国家出台的相关政策文件中空间规划试点的地位确立来看,空间规划属于综合性、基础性和约束性规划,是各类空间性规划的依据和指导,各类传统规划须在空间规划的统筹和框架约束下开展、编制和实施。

 119. 如何保证空间规划的科学性、前瞻性和可操作性?

答:空间规划是一项重大空间管控措施,是国家实施主体功能区域战略和制度的支撑和落脚点,也是一个市县国土空间管控的上位权威规划,结合前边关于空间规划技术路径和成果体系研究,进一步说明如下:一是以开展资源环境承载能力和国土适宜性评价为基础确保其科学性,开展两个评价主要是基于对国土本底条件的客观系统分析和评价,而不是唯遵历史现实或既定事实;二是在基于两个评价的基础,进行"三区三线"划定时,既考虑现实性,又考虑发展弹性,为发展在"三区三线"格局内预留余地,从而确定开发强度,体现了前瞻性;三是在空间规划底图上进一步"落棋子",落入各类空间规划图层,形成空间规划总图,从而解决了空间管控的现实问题。同时,将规划成果进行标准化数据处理,建成数据库,落在信息化信息平台上,进一步进行规划管理、空间管控,进行项目并联审批,体现了其操作性和落地性。

120. 空间规划基础数据统一哪些，如何统一？

答：空间规划基础数据资料涉及测绘资料、规划资料、保护和禁止（限制）开发区界限资料及其他资料，由于数据资料来源于不同管理部门，数据运用不同软件、工具等绘制，导致各类数据精度、格式、坐标等均不一致。因此空间规划编制首先要统一工作底图，以地理国情普查成果数据为基础，运用 GIS 软件技术，建立数字工作底图；其次需统一数据坐标，对非 CGCS2000 坐标系的空间数据进行坐标转换，统一至 CGCS2000。最后统一数据格式，将矢量格式的规划资料转换为栅格数字图，采样间隔不低于 10m，转换后图面信息应无损失，将非 Shape Files 格式的其他空间数据转换为 Shape Files（shp 格式）。总之，按照空间规划工作底图制作技术标准，将所需数据进行统一，保证空间规划数据一致性和完整性。

121. 空间规划用地分类标准如何统一？

答：统一用地分类标准是开展空间规划、统一基础的重要条件之一。只有统一了用地分类标准，才能从根本上解决空间规划用地权属和属性不一致的问题。目前，国家尚未出台相应的用地分类标准。同时，统一其标准法及相关法规的调整，才能进一步进行标准的调整。相信在不久，随着国家关于空间规划的体制机制创新，会进一步出台。

我们结合试点实践，以城规和土规举例如下：

空间规划中的用地分类标准统一，以《城市用地分类与规划建设用地标准 GB50137－2011》（以下简称“城规标准”）、土地规划地类分类标准（以下简称“土规标准”）对比，在这两类用地的分类中，矛盾在于采矿用地、水库水面、风景名胜区的归属问题；其差异在于土规中特殊用地的内涵更为广泛，城规中的采矿用地、其他建设用地相比土规而言，内容更为丰富，城规中区域公用设施用地在土规中没有明确界定。因此，在做空间规划时，应根据用地的实际情况，协调城规和土规的用地标准，制定空间规划用地分类标准：将城规标准中水域的水库水面调入区域交通设施用地，并改名称为区域交通水利设施用地；城规标准中的采矿用地、其他建设用地不变，将土规标准城乡建设用地中的采矿用地和其他独立建设用地调出城乡建设用地；对城规标准中的区域公用设施用地、特殊用地、采矿用地重新进行归类；依据土规标准，增加盐田，列入其他建设用地；明确风貌名胜区建设范围，列入其他建设用地；依据空间规划需要，调整增加相关的用地类型。

122. 空间规划工作开展流程是什么？

答：空间规划工作是一套系统性的工作。其工作流程主要包含以下几方面：

(1)统一规划基础。统一规划期限,空间规划期限设定为2035年。统一基础数据,完成各类空间基础数据坐标转换,建立空间规划基础数据库。统一用地分类,系统整合《土地利用现状分类》《城市用地分类与规划建设用地标准》等,形成空间规划用地分类标准。统一目标指标,综合各类空间性规划核心管控要求,科学设计空间规划目标指标体系。统一管控分区,以"三区三线"为基础,整合形成协调一致的空间管控分区。

(2)开展基础评价。开展资源环境承载能力评价和国土空间开发适宜性评价。结合现状地表分区、土地权属,分析并找出需要生态保护、利于农业生产、适宜城镇发展的单元地块,划分适宜等级并合理确定规模,为划定"三区三线"奠定基础。

(3)绘制规划底图。根据不同主体功能定位,综合考虑经济社会发展、产业布局、人口集聚趋势,以及永久基本农田、各类自然保护地、重点生态功能区、生态环境敏感区和脆弱区保护等底线要求,科学测算城镇、农业、生态三类空间比例和开发强度指标。采取自上而下和自下而上相结合的方式,划定"三区三线"。以"三区三线"为载体,合理整合协调各部门空间管控手段,绘制形成空间规划底图。

(4)编制空间规划。重点围绕基础设施互联互通、生态环境共治共保、城镇密集地区协同规划建设、公共服务设施均衡配置等方面的发展要求,统筹协调平衡跨行政区域的空间布局安排，并在空间规划底图上进行有机叠加，形成空间布局总图。在空间布局总图的基础上，系统整合各类空间性规划核心内容，编制空间规划。

(5)搭建信息平台。整合各部门现有空间管控信息管理平台，搭建基础数据、目标指标、空间坐标、技术规范统一衔接共享的空间规划信息平台，为规划编制提供辅助决策支持，对规划实施进行数字化监测评估，实现各类投资项目空间管控部门并联审批核准，提高行政审批效率。

123. 空间规划需要哪些数据资料？

答：空间规划数据资料涉及全域及相邻地区方方面面的资料，数据资料从大的方面说主要包括测绘资料，规划资料，保护、禁止(限制)开发区界限资料及其他资料。

测绘资料包括地理国情普查成果(地理国情普查数据及数字正影像数据)和基础测绘成果(数字线划图、数字高程图和数字正影像图)。

规划资料包含全国和省级主体功能区规划、区域规划、市县城镇体系规划、市县土地利用总体规划、重点产业布局规划、交通规划、产业规划、产业园区规划等各类规划资料，是规划资料栅格化处理的基础数据。

保护、禁止(限制)开发区界线资料包括基本农田资料，禁止开发区，自然、文化保护区，自然、文化遗产，风景名胜区，旅游区，森林公园，地质公园，湿地保护区，沼泽区等，是空间规划底图相关要素属性补充的数据源。

其他资料主要为收集乡镇行政区划等界限资料，尤其是可利用资源（水资源、土地资源等），人口经济生态环境等统计资料。

 124. 空间规划工作底图、规划底图、布局总图是什么关系？

答：空间规划数字工作底图是基于地理国情普查成果和基础测绘成果，对国土空间现状地表分区数据，空间开发负面清单、现状建成区、过渡区等的生产与提取，工作底图是开展两个评价，划分城镇、农业和生态三类空间的基础底图，也是未来编制空间规划的基础底图。

空间规划底图是以主体功能区规划为基础，以“两个评价”结果为依据，系统考虑经济社会发展、产业布局、人口聚集趋势以及永久基本农田、各类自然保护地、重点生态功能区、生态环境敏感区和脆弱区等底线要求，科学测算城镇、农业、生态三类空间比例和开发强度指标，采取自上而下和自下而上相结合的方式划定的生态保护红线，生态空间；永久基本农田，农业空间；城镇开发边界，城镇空间（“三区三线”）。以“三区三线”为载体，合理整合协调各部门空间管控手段，绘制形成空间规划底图。

空间布局总图是以空间规划底图为基础，落入各类空间性规划，同时按照《省级空间规划试点方案》“先布‘棋盘’，后落'棋子'"要求,叠加重大基础设施廊道、城镇建设层、生态保护层、产业发展层、公共服务层、文物古迹层等,划定了各类控制线,最终形成空间布局总图。

125. 空间规划工作底图如何制作?

答:空间规划工作底图是编制空间规划的基础底图,工作底图制作主要依据《市县经济社会发展总体规划技术规范与编制导则》进行制作,工作底图制作流程如下:

首先进行工作准备。主要是资料收集,收集测绘资料,规划资料,保护、禁止(限制)开发区界限资料;其次进行数据预处理。主要为资料整理、空间数据处理(图像纠正、坐标转换、格式转换)和统计数据处理;再次进行底图编制。主要为数据生产(空间开发负面清单数据生产、地表覆盖数据归类、现状建成区数据生产、过渡区数据生产、空间开发评价数据生产)、一致性处理、外业核查和数据整合集成;最后进行质量控制。对底图进行质量检查,形成最终的成果。

126. 空间规划技术团队的专业技术构成有哪些?

答:空间规划工作涉及规划设计、经济产业研究、环境工程、自然地理、地理信息系统、软件开发等多个专业技术工种,同时涉及国土、住建、发改、环保、林业、水利、交通等多个部门，是一项多专业、多部门协作的系统性的工作。

空间规划技术团队主要分为基础研究团队、规划编制团队、数据处理团队、信息平台开发与应用团队等多个团队，各团队根据空间规划编制技术流程进行任务分工，相互协作，保证空间规划能够成体系，规划成果相互衔接，内容完整。

 127. 编制空间规划需要多长时间周期及阶段划分？

答：我们认为空间规划的完整周期应是从项目启动到整套成果通过验收并实现信息管理平台上线运行为止。按照我们中研智业集团几个实践案例的结果来看，空间规划需要的时间周期一般为 12 个月以内，具体视核心数据资料掌握情况及沟通协商等环节的整体效率而定，如各方面条件具备，最快也可以在 6 个月内实现初步成果上线运行。一般可划分 6 个阶段：一是整体部署安排及前期调研收集资料阶段。这一阶段的工作量很大、很繁杂，主要特点是要求数据化、矢量化、能落地，对资料质量的甄别和可替代资料的选择要求较高；二是前期研究及专题研究报告形成阶段。这一阶段的成果旨在对区域内相关核心要素进行系统分析研究，摸清本底条件，为后期工作提供依据和基础；三是“三区三线”划定及“一张图”成果形成阶段。该阶段是核心成果形成阶段，也是矛盾冲突集中爆发和最为关键的环节；四是初步成果数据上下沟通衔接确认阶段。上下衔接沟通不是一劳永逸的工作，需要几上几下的沟通、妥协和重构；五是信息管理平台数据库入库并运行阶段。这是规划成果按照一定要求进行数据化的复杂的工作，也是人机沟通的关键环节；六是平台及数据运营发现问题反馈及处理完善阶段。这是检验、反馈的闭环自我完善环节。

 128. 空间规划编制工作能否内容分项或分阶段开展？

答：答案是肯定的。这项工作可以分项目、分阶段来开展实施，但是各个成果之间有前后衔接关系，必须遵循一定的规律和步骤来展开，不能跳过前一步直接进入后一步程序。比如近期可以先安排开展“两个评价”报告的工作，或者生态敏感区可以优先考虑生态红线的划定工作，后期按照一定程序“成熟一个、实施一个”的原则来开展空间规划工作。又比如，有的地方政府领导提出说：我们要那么多前期研究报告和“两个评价”报告没有用，你们直接给我拿一张图跟数据库，然后用其他区县的平台简单改一改给我们用就可以了。这种情况从技术流程上来说是不可能实现的，这些环节跟一张图及其数据库之间的因果关系有直接顺承关系，不能逾越。同时要说明的是，每份报告和每个平台都具有非常强的针对性、地域特征和功能要求，不可能有“放之四海而皆准”的模板可以套用。

129. 空间规划编制工作由一家委托总牵头完成还是针对多家委托开展？哪种组织方式更科学合理？

答:从我们目前掌握的信息来看,各种组织方式都有试点,比如:第一种是一个政府部门总牵头其他部门配合支持,由总牵头部门按照不同技术特点分别委托给不同专长的研究机构,最终由某一家机构汇总整理形成最终成果,即“一对多”;第二种是多个政府部门分别委托不同特长的专业机构,最终由综合协调部门委托一家机构汇总形成最终成果;第三种是由一个政府部门总牵头委托给某一个有综合协调统筹能力的复合型研究规划机构,由这一家机构来组织各专业机构之间的分工协作,形成“一对一”的组织方式。综合考虑,三种主要方式各有优劣势,但是出于对工作成效和节约成本方面的考虑,我们建议使用第三种方式,其主要优势有:一是甲乙双方责任主体明确,职责明确;二是总负责单位也避免了多个成果之间构成新的冲突和不协调;三是减少了甲方单位多头协调对接的困难;四是工作效率更高、成本支出最小。

130. 空间规划编制与城规、土规、测绘等相关资质的关系？

答:空间规划的重点、难点和最终的成果体系前面多次提到,这是一项集合多学科、多专业的工作,同时几乎涵盖了区域内全部的要素条件。因此,可以说传统的某一个资质并不能代表一个机构能否胜任该项工作的特点,具体表现为资质业务范围的差异:城乡规划资质限定的业务范围一般为一定人口范围内城市的总体规划、详细规划、各类专项规划等,土地利用规划资质业务范围是从事土地规划的编制、土地利用论证、土地价值评估等业务;制图软件的差异:城规一般用CAD,土地规划一般用GIS,空间规划要求两种软件随时切换使用;法规标准上城规的主要依据是《城乡规划法》及相关技术条例,土规一般依据《土地管理法》及相关保护条例,环保规划的依据又是《环保法》和相关法规;几个规划的规划期限和用地分类标准等具体技术问题差异也很大,很难由哪一个专业来统一和协调。综上所述,相关资质的高低不应作为空间规划这项工作的硬性考量条件,仅可以作为参考性标准。判断一个机构是否能胜任这项工作的主要因素应是看这个机构是否具有经济产业、土地利用、城乡规划、生态保护等领域的综合研究规划能力、统筹复合优势、实际实力。同时也期盼国家能在新的规划体系需求拉动下提出新的与之适应的专业资质种类和认定办法。

131. 开展空间规划后有哪些效果和实用价值?

答:开展空间规划是建立健全全国统一、相互衔接、分级管理的空间规划体系,实现空间规划全覆盖及主体功能区战略格局在市县层面精准落地的重要保障,能够确保习近平总书记要求的“一张蓝图干到底”。其具体实效价值包括:解决了规划矛盾冲突的现实问题;摸清国土空间家底,真正做到了守土有责尽责;践行转变方式,推动了集约、节约、科学发展;深化推进改革、简政放权,落实政府放管服改革;依法依规办事,管住了随心所欲的手;推动社会管理创新,提高了治理能力现代化;落实"互联网+"政务,推进数字化、信息化和智慧化进程。

132. 空间规划成果如何进行验收和审批?

答:这个问题需要对比着来讲,空间规划的工作过程和成果体系内容决定了它的验收和审批不同于一般规划。一般性规划是基于现状条件进行的预测、创意和谋划过程,更多体现了规划设计团队的思路和想法,成果包括文本、说明和图件,验收一般是通过专家评审会形成评审意见来实现,审批一般都是本级人大通过上报上级政府审批。而空间规划是基于主体功能规划和本底条件进行的一套科学的工具方法运算和梳理的过程,过程更加科学严谨。成果体系包括:一是对区域内人口、环境、用地、产业、生态等核心领域进行的前期研究报告;二是针对资源环境和国土空间进行分析形成的"两个评价"报告;三是在国土空间基础数据库基础上形成的"三区三线"划定成果;四是最终形成的全域"一张蓝图"及其数据库;五是信息化管理平台及管理应用;六是体制机制的保证。市县级空间规划的验收过程是个上下联动、高度协调统一的动态过程,需要省、市县三级有效沟通、明确分工。

需要说明的有以下几点:一是县级以上人民政府应当成立由专业人员和有关方面代表组成的规划评议委员会,负责本级空间规划的论证、评估。二是空间规划报请批准前,组织编制机关应当将空间规划草案予以公告，征求社会各方面意见。三是市县空间规划和其他空间性规划的编制应当以省级空间规划为依据，不得违反省级空间规划划定的“三区三线”和管控要求。

验收批准应当遵循下列程序：

(1)送审成果与省级成果衔接一致。

(2)组织有关专家、本级政府主管部门对规划成果进行技术性、合规性初审。

(3)成果提交省级空间规划管理委员会进行论证、评估和审批。

(4)向社会公示，公开征求意见。

(5)由本级人民政府提请本级人民代表大会批准。

(6)经批准的空间规划应当向社会公布，接受社会监督，并依法报送省级管理部门备案。

133. 空间规划是什么地位？

答：目前我国各类空间性规划虽然较多且有其法规支撑，但从实际实施来看，受诸多因素影响，其刚性、约束性及法定性不强，地位不高，往往规划大不过权利，在最前面的问题回答中已充分说明了此类问题。本次空间规划改革以主体功能区为基础，通过划定“三区三线”，统筹各类空间性规划，编制统一的空间规划，本质上是国家对各类国土空间的统筹优化，是空间治理的基本手段。从这一层面来说，空间规划是统领全局的规划，而不是一个简单的专项规划，也不是专项规划的简单叠加。其次，从宁夏以及海南省的试点来看，都将空间规划提高到了基础性、统领性、约束性的地位，是编制其他规划的基本依据。因此，可以得出：空间规划是针对一个区域国土空间的综合性、基础性、约束性规划，是实施各类开发建设活动、实施国土空间用途管制、制定其他规划的基本依据。

134. 空间规划与其他大类空间性规划的关系？

答：发展规划、城乡规划、土地利用规划、生态与环境保护规划等共同构成了我国的规划运行体系，共同进行着经济、社会、文化和政策的地理表达。但空间规划是通过开发、利用和保护国土空间并使之布局合理化，促进可持续发展，是综合性和基础性的规划，是对国土空间总体布局和管控的最高纲领。其他大类规划，如城乡规划、土地规划、环保规划等构成了我国空间类规划的核心，也是法定规划。因此，在空间规划体系下，空间规划是各类规划的指导和依据，各类规划是空间规划的支撑规划，在内容上必须与空间规划相衔接、相统一。

135. 对于空间规划立法如何认识？

答：目前，通过之前“多规合一”及空间规划试点实践，均已取得了较大成果，形成了较为成熟的技术路径和解决方案。但更为关键的是，由于空间规划的法律地位缺失、法规标准各异、管理体制不畅等原因，致使空间规划无法可依、无规可据，出现编制难、实施难、考核难的“三难”困局，将最终影响国土空间治理、生态文明建设及“五位一体”总体布局。因此，尽快研究完善空间规划立法意义重大、刻不容缓。

加快推进空间规划立法进程。一是根据目前试点实践成果，空间规划从技术上完全解决了空间控制线落地、用途管制、强度和空间分区管控等目的，因此有必要废止城乡、土地利用、环境保护等空间类总体规划，真正实现空间规划“多规合一”，各类空间规划须适应并与空间规划保持一致；二是研究出台《空间规划法》及实施条例，确立其战略性、基础性、约束性的法律地位，明确空间规划是国家空间发展的指南、可持续发展的空间蓝图，是各类开发建设活动的基本依据；三是对相关空间规划类法规进行修改，如《中华人民共和国城乡规划法》、《中华人民共和国土地管理法》、《中华人民共和国环境保护法》等涉及的空间总体规划的相关内容予以废止修改，适应并与《空间规划法》保持一致。

配套空间规划法规标准体系。一是配套《空间规划法》落地，制定《空间规划编制实施办法》，明确空间规划编制、审查、评估、实施、修改、监督与责任等具体办法；二是制定《空间规划编制技术导则》，按照空间规划“先布棋盘、后落棋子”的技术路线，明确细化技术路径和编制规程，同步细化制定规划空间用地分类、空间分区、强度测算与管控等具体标准体系；三是按照“规划期限、用地分类、目标指标、基础数据、空间管控”五统一要求，对城乡规划、土地利用规划、环境保护规划等规范标准涉及的以上五个方面的内容进行修改，衔接、适应并与空间规划编制技术导则规程及相关标准体系保持一致。

136. 在空间规划法出台之前，空间规划如何与其他法定规划及法规进行协调？

答：空间规划法律保障缺失是现实问题，空间规划立法目前还处于试点探索阶段，但此项工作开展意义重大，时间紧迫，刻不容缓。宁夏在试点中为了规范和保障空间规划的制定、实施，自治区人民代表大会同步出台了《空间规划条例》，明确了空间规划的相关法定性要求。在空间规划法出台前，地方政府可根据我国《立法法》第73、75和82条规定的不同行政级别政府的立法权限，出台法规规章或行政措施等。对于有立法权的省、自治区、直辖市和设区的市、自治州、自治县来说，可参照宁夏的做法，由地方政府人民代表大会制定空间规划的地方性法规、规章或自治条例；对于无立法权的地方政府，可由其人民政府制定具有普遍约束力的空间规划规范性文件。明确空间规划的地位和强制性，明确其他大类空间性规划及法规应当依据空间规划法、条例或规范性文件的要求进行衔接、协调。

137. 空间规划如何实施执行？

答：空间规划经批准发布后，空间规划管理机构应当严格实施空间规划，不得随意改变空间规划确定的空间布局和管控要求。首先得明确空间规划的管理实施机构，该机构负责空间规划实施的全过程管理和冲突协调等事宜。其次，建立空间规划工作的过程管理制度，对规划的编审、论证、报批、发布、实施、监督、公众听证、评估以及调整等实施全过程管理，规划实施各环节必须严格按照该制度进行。再次，建立健全空间规划实施的保障政策，如以土地用途为核心的空间管制制度、生态保护补偿制度、差异化考核机制等，兼顾各方利益，促进区域、城乡协调发展。另外，建立统一、分级管理的空间规划信息管理平台，依托该平台，结合简政放权和"互联网＋"政务，制定投资项目并联审批改革措施，促进重大项目落地，并进行严格管控。空间规划经批准公布后，其他空间性规划应当依据同级空间规划进行调整修改。

138. 空间规划执行后如何进行变动调整？

答：空间规划执行后，实施主管机构应定期组织开展空间规划实施情况评估，并采取论证会、公众听证会或其他形式征求公众意见。经评估或因其他原因确需调整的规划，应由规划编制主体提出调整意见，按规划立项、编制、衔接、论证、报批、发布等法定程序组织调整，未经法定程序，任何单位和个人不得随意修改空间规划。对由于空间规划调整而新产生的其他空间性规划的冲突和矛盾，原则上应同步调整、同步实施，相关规划未调整、批准前，空间规划冲突部分应暂不予实施。

139. 空间规划组织如何保障运行？

答：空间规划管理涉及发改委、国土部、住建部、环保部等多个政府职能部门的纵横协同工作，作为公共政策的服务部门，管理保障组织不仅承担着重要协调人、公益人以及仲裁人的服务角色，而且要克服"市场失灵"和"政府失控"现象。因此，要保障空间规划的有效实施和管控，合理设置权威、高效的规划保障组织尤为重要。

为保障管理组织的高效运行，应探索建立空间规划的管理权责清单制度（权力清单和责任清单），明确各行政职能在空间规划中的管理事权，如空间规划立项、编制、衔接、审批、实施、评估、调整等过程中的权责，严格界定"有所为"和"有所不为"，构建责任共同体，对权力行使起到约束规范作用。此外，应当设立独立的监管部门，负责监督权责制度的落实和对执行情况的定期评价考核，如果在执行和落实权责清单过程中出现违反权力清单规定或责任执行不力的行为，就应承担相应的责任，包括法律责任。

140. 空间规划如何实现全国一张图，什么时候能实现全国一张图？

答：实现"一张蓝图干到底"是空间规划的中心任务。以空间治理和空间结构优化为主要内容，建立健全全国统一、相互衔接、分级管理的空间规划体系，实现空间规划全覆盖，是空间规划改革的主要目标，也就是说实现全国"一张蓝图"是空间规划的主要工作目标。从省级空间规划的试点实践来看，要真正实现省级空间规划一张图，划定“三区三线”，实现省级主体功能区在市县的精准落地，需要省市县三级空间规划全覆盖，需要省市县上上下下多轮的衔接协调，最终保持“三区三线”的落地一致，达到这样的程度需要较长时间，也需要省市县三级空间规划的大部分覆盖。目前，省级空间规划9个试点，宁夏先行先试，预计2018年才能实现省市县空间规划全覆盖，要达到省市县划线落地一致的一张规划蓝图尚需要一些时间。

2017年8月29日，中央深改组第三十八次会议，审议通过的《关于完善主体功能区战略和制度的若干意见》明确要求，要进一步完善主体功能区战略和制度，推动主体功能区格局在市县层面精准落地，并要求到2020年，符合主体功能定位的县域空间格局基本划定，陆海全覆盖的主体功能区战略格局精准落地，“多规合一”的空间规划体系建立健全。党的十九大报告，生态文明篇章要求完成生态红线、永久基本农田、城镇开发边界三线划定，按照这个时间要求，也就是说到2022年，全国完成三线划定，也就意味着全国一张图基本形成。

总之，国家空间规划改革的目标任务是明确的，至于具体什么时间能完成全国一张图，取决于试点情况和全面空间规划推进情况，从十八大以来，这几年的政策文件安排和落实可以明显看出，任务是紧迫的，2020年及2022年应该是个时间节点。

141. 全国市县全面开展空间规划的时间节点？

答：目前，我国“多规合一”和空间规划工作总体仍然处于试点阶段。一是2014年8月国家四部委28个市县“多规合一”试点；二是2016年12月中办、国办印发的《省级空间规划试点方案》确定了9个省级试点；三是各省市自行确定了一批省级试点；四是部分市县自发启动开展了“多规合一”工作。也就是目前此项工作处于“少数试点、局部深化、全面待开”状态。至于市县什么时候能全面开展此项工作，主要取决于：试点成果情况、工作安排情况及工作认识情况等。从试点的技术上体现的成果应该是基本趋向成熟，党的十九大报告明确要求完成“三线”划定，各级政府的意识和认识水平不断提高。同时随着领导干部自然资源资产离任审计的推行，底线管控日益重要，全面开展空间规划的条件日益成熟。如果说上个问题回答2020年或2022年是全国一张图的时间节点，那么现在应该说随着9个省级空间规划试点的完成，全面开展省市县空间规划工作已迫在眉睫。

142. 为什么到2020年主体功能区战略格局要精准落地，2020年这个时间节点是否有特殊的意义？

答：以五年期为规划时间阶段是我国宪法的规定，尤其国民经济和社会发展从计划到规划，经历了十三个五年规划期，目前处在“十三五”规划的中后期，同时，土地利用规划期限为15年，城乡总体规划期限为20年等，因此规划时间节点无外乎就是5和10,尤其国家主体功能区规划期限到2020年,面临着主体功能区进行新一轮修编,也就是说应该保证在第一个规划期要完成基本的精准落地问题。其次,2020年是我国“十三五”规划末年,是实现全面建成小康社会时限年;三是按照两个百年的中国复兴梦,第一个百年,到建党100年,2021年实现全面建成小康社会,按照政府五年期规划,也就是2020年末要实现第一个百年目标。

综上所述,我们理解2020年是个常规规划期限节点年,但同时也是建党百年,两个百年目标的第一个百年,意义特殊和重大。结合主体功能区规划精准落地,2010年国家印发主体功能区规划,规划期限为10年,到2020年,本轮规划期实现主体功能区精准落地是落实和实施主体功能区战略和制度基本任务,根据中发27号文件,下一步重点实施差异化管控,如果精准落地都实现不了,差异化管控就无从谈起。

143. 十九大报告对空间规划有没有什么新的要求?

答:十九大报告气势磅礴、振奋人心,形成了新思想、进入了新时代、踏上了新征程、提出了新要求。报告从13个方面对我国政治、经济、社会、生态、文化等全方位进行了系统部署,其中,在“加快生态文明体制改革,建设美丽中国”篇章中明确提出,要加大生态系统保护力度,完成城镇开发边界、永久基本农田、生态保护红线三条控制线划定工作。三条控制线划定属于空间规划“三区三线”划定的核心内容，如果三线划定落地，等于是空间规划的底图基本形成。早在2014年2月，国土部印发《关于强化管控落实最严格耕地保护制度的通知》(国土资发〔2014〕18号)要求，合理调整土地利用总体规划，严格划定城镇开发边界、永久基本农田和生态保护红线，严格控制城市建设用地规模，强化土地利用规划的基础性、约束性作用。到后来生态文明建设意见、生态文明体制改革总体方案、省级空间规划试点方案、自然生态用途管制办法等均要求进行用途管制、底线管控。可以看出，十九大报告针对空间规划工作安排部署与之前要求是一以贯之的，同时要完成全国各省、市县“三线”划定，任务繁重、时间紧迫。

附　录

附录 1

中研智业集团
空间规划(多规合一)专业技术积累

一、基础汇编

1. 空间规划(多规合一)政策文件汇编(2017 年)
2. 空间规划(多规合一)技术法规汇编(2017 年)
3. 空间规划(多规合一)试点案例汇编(2017 年)

二、研究专著

1.《空间规划(多规合一)百问百答》
2.《空间规划(多规合一)综合解决方案》
3.《图解"多规合一"》
4.《空间规划研究》

三、政策梳理

1. 空间规划(多规合一)政策背景梳理(2017 年)
2. 中央深改组会议涉及空间规划(多规合一)内容汇总(截至第三十八次会议)

四、专题会议

1. 空间规划改革与"多规合一"推进交流会
2. 空间规划与"多规合一"解析实务(西安)研讨会
3. 内蒙古推进空间规划与"多规合一"研讨会
4. 空间规划与"多规合一"技术实务(太原)研讨会

五、技术规程

1. 国家层面技术文件(详见技术规范汇编)

2. 内部制定技术文件

(1)市县空间规划编制技术规程

(2)空间规划国土空间适宜性评价方法

(3)空间规划“三区三线”划定技术规程

(4)空间规划开发强度测算办法

(5)空间规划用地分类办法

(6)“多规合一”差异矛盾处理协调办法

(7)空间规划空间管控办法

(8)空间规划信息平台投资项目立项阶段并联审批工作规则

(9)空间规划信息平台投资项目在线并联审批制度

(10)空间规划工作管理办法

(11)空间规划管理暂行办法(或条例)

六、技术方案

1. 空间规划(多规合一)综合解决方案(1.0、2.0、3.0)

2. 空间规划(多规合一)资源环境承载能力评价方案

3. 空间规划(多规合一)国土空间开发适宜性评价方案

4. 空间规划(多规合一)空间战略研究与“一本规划”编制方案

5. 空间规划(多规合一)生态保护红线划定方案

6. 空间规划(多规合一)“一张蓝图”构建工作方案

7. 空间规划(多规合一)信息平台建设方案

七、专题讲座

空间规划专题培训讲座,共分十四讲:

第一讲:宏观环境与政策解读

第二讲:基础理论与概念内涵

第三讲:规划体系与成果体系

第四讲:空间战略与基础研究

第五讲:空间本底与两个评价

第六讲:生态空间与生态红线

第七讲:“三区三线”与规划底图

第八讲:多规协调与一张蓝图

第九讲:开发强度与空间管控

第十讲:数据库与信息平台

第十一讲:开发区与“多规合一”

第十二讲:体制机制与组织保障

第十三讲:基础准备与工作推进

第十四讲:试点案例与经验介绍

附录 2

空间规划(多规合一)政策文件汇编目录
（2017 年）

1. 国务院关于编制全国主体功能区规划的意见(国发〔2007〕21 号)
2. 全国主体功能区规划(2010)
3. 全国高标准农田建设总体规划(2011—2020 年)
4. 国家发展改革委贯彻落实主体功能区战略推进主体功能区建设若干政策的意见(发改规划〔2013〕1154 号)
5. 中共中央关于全面深化改革若干重大问题的决定(2013 年 11 月 12 日中国共产党第十八届中央委员会第三次全体会议通过)
6. 关于强化管控落实最严格耕地保护制度的通知(国土资发〔2014〕18 号)
7. 国家新型城镇化规划(2014—2020 年)
8. 关于 2014 年深化经济体制改革重点任务的意见(国发〔2014〕18 号)
9. 关于开展市县“多规合一”试点工作的通知(发改规划〔2014〕1971 号)
10. 关于贯彻实施国家主体功能区环境政策的若干意见(环发〔2015〕92 号)
11. 中共中央关于制定国民经济和社会发展第十三个五年规划的建议(2015 年 10 月 29 日中国共产党第十八届中央

委员会第五次全体会议通过)

12. 中共中央 国务院关于加快推进生态文明建设的意见(中发〔2015〕12号)

13. 生态文明体制改革总体方案(中发〔2015〕25号)

14. 中共中央 国务院印发《关于进一步加强城市规划建设管理工作的若干意见》(中发〔2016〕6号)

15. 关于设立统一规范的国家生态文明试验区的意见(2016年8月)

16. 省级空间规划试点方案(厅字〔2016〕51号)

17. 全国土地整治规划(2016—2020年)

18. 全国国土规划纲要(2016—2030年)

19. 关于划定并严守生态保护红线的若干意见(厅字〔2017〕2号)

20. 国务院办公厅关于同意建立省级空间规划试点工作部际联席会议制度的函(国办函〔2017〕34号)

21. 关于建立资源环境承载能力监测预警长效机制的若干意见(厅字〔2017〕25号)

22. 国土资源部关于印发《自然生态空间用途管制办法(试行)》的通知(国土资发〔2017〕33号)

23. 中共中央 国务院关于完善主体功能区战略和制度的若干意见(2017年10月12日)

24. 领导干部自然资源资产离任审计规定(试行)(2017年6月)

25. 关于明确新增国家重点生态功能区类型的通知(发改办规划〔2017〕201号)

26. 中共中央 国务院关于完善主体功能区战略和制度的若干意见(中发〔2017〕27号)

附录 3

空间规划(多规合一)技术规范汇编目录
(2017 年)

一、国家层面技术文件

1. 国家发展改革委关于"十三五"市县经济社会发展规划改革创新的指导意见(发改规划〔2014〕2477 号)
2. 市县经济社会发展总体规划技术规范与编制导则(试行)(发改规划〔2015〕2084 号)
3. 国土资源部办公厅关于印发《国土资源环境承载力评价技术要求》(试行)的通知(国土资厅函〔2016〕1213 号)
4. 关于印发《资源环境承载能力监测预警技术方法(试行)》的通知(发改规划〔2016〕2043 号)
5. 关于印发《生态保护红线划定指南》的通知(环办生态〔2017〕48 号)
6. 国土资源部关于印发《自然生态空间用途管制办法(试行)》的通知(国土资发〔2017〕33 号)

二、中研智业内部技术文件

1. 空间规划工作底图编制技术规程
2. 空间规划国土空间适宜性评价方法
3. 空间规划"三区三线"划定技术规程
4. 空间规划开发强度测算办法

5. 空间规划用地分类办法

6. “多规合一”差异矛盾处理协调办法

7. 空间规划空间管控办法

8. 空间规划信息平台投资项目立项阶段并联审批工作规则

9. 空间规划信息平台投资项目在线并联审批制度

10. 空间规划工作管理办法

11. 空间规划管理暂行办法(或条例)

附录 4

十八届中央全面深化改革领导小组会议涉及空间规划(多规合一)相关内容汇总梳理

第二次会议(2014 年 2 月 28 日)

会议审议通过了《中央全面深化改革领导小组 2014 年工作要点》。其中,工作要点之一:要求落实国家新型城镇化规划,推动经济社会发展规划、土地利用规划、城乡发展规划、生态环境保护规划等“多规合一”,开展市县空间规划改革试点,促进城乡经济社会一体化发展。

第十三次会议(2015 年 6 月 5 日)

会议同意海南省就统筹经济社会发展规划、城乡规划、土地利用规划等开展省域“多规合一”改革试点。

第十四次会议(2015 年 7 月 1 日)

会议审议通过了《环境保护督察方案(试行)》《生态环境监测网络建设方案》《关于开展领导干部自然资源资产离任审计的试点方案》《党政领导干部生态环境损害责任追究办法(试行)》。

会议强调,现在我国发展已经到了必须加快推进生态文明建设的阶段。生态文明建设是加快转变经济发展方式、实现绿色发展的必然要求。要立足我国基本国情和发展新的阶段性特征,以建设美丽中国为目标,以解决生态环境领域突出问题为导向,明确生态文明体制改革必须坚持的指导思想、基本理念、重要原则、总体目标,提出改革任务和举措,为生态文明建设提供体制机制保障。深化生态文明体制改革,关键是要发挥制度的引导、规制、激励、约束等功能,规范各类开发、利用、保护行为,让保护者受益、让损害者受罚。

会议指出,建立环保督察工作机制是建设生态文明的重要抓手,对严格落实环境保护主体责任、完善领导干部目标责任考核制度、追究领导责任和监管责任,具有重要意义。要明确督察的重点对象、重点内容、进度安排、组织形式和实施办法。要把环境问题突出、重大环境事件频发、环境保护责任落实不力的地方作为先期督察对象,近期要把大气、水、土壤污染防治和推进生态文明建设作为重中之重,重点督察贯彻党中央决策部署、解决突出环境问题、落实环境保护主体责任的情况。要强化环境保护"党政同责"和"一岗双责"的要求,对问题突出的地方追究有关单位和个人责任。

会议强调,完善生态环境监测网络,关键是要通过全面设点、全国联网、自动预警、依法追责,形成政府主导、部门协同、社会参与、公众监督的新格局,为环境保护提供科学依据。要围绕影响生态环境监测网络建设的突出问题,强化监测质量监管,落实政府、企业、社会的责任和权利。要依靠科技创新和技术进步,提高生态环境监测立体化、自动化、智能化水平,推进全国生态环境监测数据联网共享,开展生态环境监测大数据分析,实现生态环境监测和监管有效联动。

会议指出,开展领导干部自然资源资产离任审计试点,主要目标是探索并逐步形成一套比较成熟、符合实际的审计规范，明确审计对象、审计内容、审计评价标准、审计责任界定、审计结果运用等，推动领导干部守法守纪、守规尽责，促进自然资源资产节约集约利用和生态环境安全。要紧紧围绕领导干部责任，积极探索离任审计、任中审计与领导干部经济责任审计，以及其他专业审计相结合的组织形式，发挥好审计监督作用。

会议强调，生态环境保护能否落到实处，关键在领导干部。要坚持依法依规、客观公正、科学认定、权责一致、终身追究的原则，围绕落实严守资源消耗上限、环境质量底线、生态保护红线的要求，针对决策、执行、监管中的责任，明确各级领导干部责任追究情形。对造成生态环境损害负有责任的领导干部，不论是否已调离、提拔或者退休，都必须严肃追责。各级党委和政府要切实重视、加强领导，纪检监察机关、组织部门和政府有关监管部门要各尽其责、形成合力。

第二十一次会议（2016年2月23日）

会议听取了经济体制和生态文明体制改革专项小组关于生态文明体制改革总体方案推进落实情况汇报、浙江省开化县关于“多规合一”试点情况汇报。

第二十二次会议（2016年3月22日）

会议审议通过了《关于健全生态保护补偿机制的意见》。

会议指出，健全生态保护补偿机制，目的是保护好绿水青山，让受益者付费、保护者得到合理补偿，促进保护者和受益者良性互动，调动全社会保护生态环境的积极性。要完善转移支付制度，探索建立多元化生态保护补偿机制，扩大补偿范围，合理提高补偿标准，逐步实现森林、草原、湿地、荒漠、海洋、水流、耕地等重点领域和禁止开发区域、重点生态功能区等重要区域生态保护补偿全覆盖，基本形成符合我国国情的生态保护补偿制度体系。

第二十三次会议(2016 **年** 4 **月** 18 **日**)

会议审议通过了《宁夏回族自治区空间规划(多规合一)试点方案》。

会议同意宁夏回族自治区开展空间规划(多规合一)试点，要求加强组织领导、积极探索、大胆创新，中央有关部门要支持配合、跟踪进展、总结经验。

第二十五次会议(2016 **年** 6 **月** 27 **日**)

会议审议通过了《关于设立统一规范的国家生态文明试验区的意见》《国家生态文明试验区(福建)实施方案》《关于海南省域"多规合一"改革试点情况的报告》。

会议指出，设立统一规范的国家生态文明试验区，目的是开展生态文明体制改革综合试验，为完善生态文明制度体系探索路径、积累经验。要落实党中央关于生态文明体制改革的总体部署要求，就推进国土空间开发保护制度、空间规划编制、生态产品市场化改革、建立多元化的生态保护补偿机制、健全环境治理体系、建立健全自然资源资产产权制度、开展绿色发展绩效评价考核等重大改革任务开展试验，重点解决社会关注度高、涉及人民群众切身利益的资源环境问题。福建等试验区要突出改革创新，聚焦重点难点问题，在体制机制创新上下功夫，为其他地区探索改革的路子。

会议指出，中央授权海南开展省域“多规合一”，改革试点一年来，海南结合实际，积极推进改革探索，梳理化解规划矛盾，统筹主体功能区、生态保护红线、城镇体系、土地利用、林地保护利用、海洋功能区规划，在推动形成全省统一空间规划体系上迈出了步子、探索了经验。深入推进这项改革，要着重解决好体制机制问题，处理好改革探索和依法推进的关系，一张蓝图干到底。中央有关部门要加强统筹指导。

第二十七次会议（2016 年 8 月 30 日）

会议审议通过了《重点生态功能区产业准入负面清单编制实施办法》《生态文明建设目标评价考核办法》《关于在部分省份开展生态环境损害赔偿制度改革试点的报告》。

会议强调，编制重点生态功能区产业准入负面清单，对严格管制各类开发活动、减少对自然生态系统的干扰、维护生态系统的稳定性和完整性，意义重大。要按照市县制定、省级统筹、国家衔接、对外公布的机制，严格编制实施程序、规范要求、技术审核要求，因地制宜制定限制和禁止发展的产业目录，形成更具针对性的负面清单。要强化省级党委和政府生态文明建设主体责任，重点评价各地区生态文明建设进展总体情况，考核国民经济和社会发展规划纲要中确定的资源环境约束性目标，以及生态文明建设重大目标任务完成情况。会议同意在吉林、江苏、山东、湖南、重庆、贵州、云南 7 省市开展生态环境损害赔偿制度改革试点。

第二十八次会议(2016年10月11日)

会议审议通过了《省级空间规划试点方案》。

会议强调,开展省级空间规划试点,要以主体功能区规划为基础,科学划定城镇、农业、生态空间及生态保护红线、永久基本农田、城镇开发边界,注重开发强度管控和主要控制线落地,统筹各类空间性规划,编制统一的省级空间规划,为实现“多规合一”、建立健全国土空间开发保护制度积累经验、提供示范。

第二十九次会议(2016年11月1日)

会议审议通过了《关于划定并严守生态保护红线的若干意见》《自然资源统一确权登记办法(试行)》《湿地保护修复制度方案》《海岸线保护与利用管理办法》。

会议强调,划定并严守生态保护红线,要按照山水林田湖系统保护的思路,实现一条红线管控重要生态空间,形成生态保护红线全国“一张图”。要统筹考虑自然生态整体性和系统性,开展科学评估,按生态功能重要性,生态环境敏感性、脆弱性划定生态保护红线,并将生态保护红线作为编制空间规划的基础,明确管理责任,强化用途管制,加强生态保护和修复,加强监测监管,确保生态功能不弱化、面积不减少、性质不改变。

会议指出,要坚持资源公有、物权法定和统一确权登记的原则,对水流、森林、山岭、草原、荒地、滩涂以及探明储量的矿产资源等自然资源的所有权统一进行确权登记,形成归属清晰、权责明确、监管有效的自然资源资产产权制度。要坚持试点先行,以不动产登记为基础,依照规范内容和程序进行统一登记。

会议强调,建立湿地保护修复制度,加强海岸线保护与利用,事关国家生态安全。要实行湿地面积总量管理,严格湿地用途监管,推进退化湿地修复,增强湿地生态功能,维护湿地生物多样性。要加强海岸线分类保护,严格保护自然岸线,整治修复受损岸线,加强节约利用,实现经济效益、社会效益与生态效益相统一。

第三十次会议(2016 年 12 月 5 日)

会议审议通过了《关于健全国家自然资源资产管理体制试点方案》。

会议指出,健全国家自然资源资产管理体制,要按照所有者和管理者分开和一件事由一个部门管理的原则,将所有者职责从自然资源管理部门分离出来,集中统一行使,负责各类全民所有自然资源资产的管理和保护。要坚持资源公有和精简统一效能的原则,重点在整合全民所有自然资源资产所有者职责,探索中央、地方分级代理行使资产所有权,整合设置国有自然资源资产管理机构等方面积极探索尝试,形成可复制可推广的管理模式。

第三十五次会议(2017 年 5 月 23 日)

会议审议通过了《关于建立资源环境承载能力监测预警长效机制的若干意见》《关于深化环境监测改革提高环境监

测数据质量的意见》。

会议强调，建立资源环境承载能力监测预警长效机制，要坚定不移实施主体功能区制度，坚持定期评估和实时监测相结合、设施建设和制度建设相结合、从严管制和有效激励相结合、政府监管和社会监督相结合，系统开展资源环境承载能力评价，有效规范空间开发秩序，合理控制空间开发强度，促进人口、经济、资源环境的空间均衡，将各类开发活动限制在资源环境承载能力之内。

会议指出，环境监测是生态文明建设和环境保护的重要基础。要把依法监测、科学监测、诚信监测放在重要位置，采取最规范的科学方法、最严格的质控手段、最严厉的惩戒措施，深化环境监测改革，建立环境监测数据弄虚作假防范和惩治机制，确保环境监测数据全面、准确、客观、真实。

第三十六次会议(2017年6月26日)

会议审议通过了《领导干部自然资源资产离任审计暂行规定》。

会议指出，实行领导干部自然资源资产离任审计，要以自然资源资产实物量和生态环境质量状况为基础，重点审计和评价领导干部贯彻中央路线方针政策、遵守法律法规、作出重大决策、完成目标任务、履行监督责任等方面情况，推动领导干部切实履行自然资源资产管理和生态环境保护责任。

第三十八次会议(2017年8月29日)

会议审议通过了《关于完善主体功能区战略和制度的若

干意见》《生态环境损害赔偿制度改革方案》,审议了《宁夏回族自治区关于空间规划(多规合一)试点工作情况的报告》。

会议指出,建设主体功能区是我国经济发展和生态环境保护的大战略。完善主体功能区战略和制度,要发挥主体功能区作为国土空间开发保护基础制度作用,推动主体功能区战略格局在市县层面精准落地,健全不同主体功能区差异化协同发展长效机制,加快体制改革和法治建设,为优化国土空间开发保护格局、创新国家空间发展模式夯实基础。

会议强调,在全国范围内试行生态环境损害赔偿制度,是落实党的十八届三中全会部署的一项重要举措。要在总结前期试点工作基础上,进一步明确生态环境损害赔偿范围、责任主体、索赔主体和损害赔偿解决途径等,形成相应的鉴定评估管理与技术体系、资金保障及运行机制,探索建立生态环境损害的修复和赔偿制度,加快推进生态文明建设。

会议指出,党中央授权宁夏回族自治区开展"多规合一"试点以来,在编制空间规划、明确保护开发格局、建设规划管理信息平台、探索空间规划管控体系、推进空间规划管理体制改革等方面,探索了一批可复制可推广的经验做法。下一步,要继续编制完善空间规划,深化体制机制改革,保障空间规划落地实施。

附录5

空间规划(多规合一)相关名词解释

1. **国土空间**:国家主权与主权权利管辖下的地域空间,是国民生存的场所和环境,包括陆地、陆上水域、内水、领海、领空等。

2. **战略性、基础性和约束性**:全国主体功能区规划是国土空间开发的战略性、基础性和约束性规划。战略性指本规划是从关系全局和长远发展的高度,对未来国土空间开发作出的总体部署。基础性指本规划是在对国土空间各基本要素综合评价基础上编制的,是编制其他各类空间规划的基本依据,是制定区域政策的基本平台。约束性指本规划明确的主体功能区范围、定位、开发原则等,对各类开发活动具有约束力。

3. **空间规划**:一个国家或地区政府部门对所辖国土空间资源和布局进行的长远谋划,目的是促进发展与保护的平衡。

4. **多规合一**:以主体功能区规划为基础,统筹各类空间性规划,推进经济社会发展规划、城乡规划、土地利用规划、生态环境保护规划等在空间布局上有机融合,形成“一本规划、一张蓝图”。

5. **资源环境承载能力评价**:以县级行政区域为单元,选择既具有整体性又具有针对性的指标(如自然地理特征、可利用土地资源等),对县域空间资源环境承载能力进行评判分级。

6. **国土空间开发网格化适宜性评价**:以县级行政区国土空间的 500m×500m 的网格为基本单元,采用定量、定性相结合的方法,评判国土空间开发适宜程度,评价出哪些适宜城镇开发,哪些适宜农业生产,哪些适宜生态保护。

7. **开发强度**:一个区域的建设空间占该区域总面积的比例,建设空间包括城镇建设、独立工矿、农村居民点、交通水利设施以及其他建设用地等空间。

8. **三区三线**:"三区"指城镇空间、农业空间、生态空间三类空间;"三线"指城镇开发边界、永久基本农田线、生态保护红线三条控制线。

9. **城镇空间**:以城镇居民生产生活为主体功能的国土空间,包括城镇建设空间和工矿建设空间,以及部分乡级政府驻地的开发建设空间。

10. **农业空间**:以农业生产和农村居民生活为主体功能,承担农产品生产和农村生活功能的国土空间,主要包括永久基本农田、一般农田等农业生产用地,以及村庄等农村生活用地。

11. **生态空间**:具有自然属性、以提供生态服务或生态产品为主体功能的国土空间,包括森林、草原、湿地、河流、湖泊、滩涂、岸线、海洋、荒地、荒漠、戈壁、冰川、高山冻原、无居民海岛等。

12. **其他空间**:除城市空间、农业空间、城镇空间以外的其他国土空间,包括交通设施空间、水利设施空间、特殊用地空间。交通设施空间包括铁路、公路、民用机场、港口码头、管道运输等占用的空间。水利设施空间即水利工程建设占用的空间。特殊用地空间包括居民点以外的国防、宗教等占用的空间。

13. **城镇开发边界**:为合理引导城镇、工业园区发展,有效保护耕地与生态环境,基于地形条件、自然生态、环境容量等因素,划定的一条或多条闭合边界,包括现有建成区和未来城镇建设预留空间。

14. **永久基本农田保护红线**:按照一定时期人口和社会经济发展对农产品的需求,依法确定的不得占用、不得开发、需要永久性保护的耕地空间边界。

15. **生态保护红线**:在生态空间范围内具有特殊重要生态功能、必须强制性严格保护的区域,是保障和维护国家生态安全的底线和生命线,通常包括具有重要水源涵养、生物多样性维护、水土保持、防风固沙、海岸生态稳定等功能的生态功能重要区域,以及水土流失、土地沙化、石漠化、盐渍化等生态环境敏感脆弱区域。

16. **布棋盘**:落实主体功能区基本理念和城镇化、农业、生态三大战略格局,精细化开展资源环境承载能力和国土空间开发适宜性两项评价,搞清楚国土空间的本底特征和适宜用途,划定大的空间格局和功能分区,也就是我们说的城镇、农业、生态空间和城镇开发边界、永久基本农田、生态保护红线"三区三线"。

17. **落棋子**:把各类空间性规划的核心内容和空间要素,像"棋子"一样,按照一定的规则和次序,有机整合落入"棋盘”,真正形成“一本规划、一张蓝图”。

18. **一张蓝图:**是具有明确和统一的边界管控(边界控制线、规模指标)图;是坐标统一、边界统一、规模统一、指标统一、期限统一、技术参数统一、分类办法统一、管控措施统一的一张图;是市县全域管控的一张图;是在统一了各项基础数据底图基础上,各种领域规划叠加分析、冲突差异解决后的所有规划合图。

19. **生态系统:**在一定的空间和时间范围内,在各种生物之间以及生物群落与其无机环境之间,通过能量流动和物质循环而相互作用的一个统一整体。

20. **开发与发展:**开发通常指以利用自然资源为目的的活动,也可以指发现或发掘人才、发明技术等活动。发展通常指经济社会进步的过程。开发与发展既有联系也有区别,资源开发、农业开发、技术开发、人力资源开发以及国土空间开发等会促进发展,但开发不完全等同于发展,对国土空间的过度、盲目、无序开发不会带来可持续的发展。

21. **主体功能区规划中的优化开发、重点开发、限制开发、禁止开发中的“开发”:**特指大规模高强度的工业化城镇化开发。限制开发,特指限制大规模高强度的工业化城镇化开发,并不是限制所有的开发活动。对农产品主产区,要限制大规模高强度的工业化城镇化开发,但仍要鼓励农业开发;对重点生态功能区,要限制大规模高强度的工业化城镇化开发,但仍允许一定程度的能源和矿产资源开发。将一些区域确定为限制开发区域,并不是限制发展,而是为了更好地保护这类区域的农业生产力和生态产品生产力,实现科学发展。

22. **空间结构**:不同类型空间的构成及其在国土空间中的分布,如城市空间、农业空间、生态空间的比例,以及城市空间中城市建设空间与工矿建设空间的比例等。

23. **生态产品**:维系生态安全、保障生态调节功能、提供良好人居环境的自然要素,包括清新的空气、清洁的水源和宜人的气候等。生态产品同农产品、工业品和服务产品一样,都是人类生存发展所必需的。生态功能区提供生态产品的主体功能主要体现在:吸收二氧化碳、制造氧气、涵养水源、保持水土、净化水质、防风固沙、调节气候、清洁空气、减少噪音、吸附粉尘、保护生物多样性、减轻自然灾害等。一些国家或地区对生态功能区的“生态补偿”,实质是政府代表人民购买这类地区提供的生态产品。

24. **空间开发负面清单**:由受自然地理条件等因素影响不适宜开发,或国家法律法规和规定明确禁止开发的空间地域单元集合。

25. **水源涵养型**:主要指我国重要江河源头和重要水源补给区。包括大小兴安岭森林生态功能区、长白山森林生态功能区、阿尔泰山地森林草原生态功能区、三江源草原草甸湿地生态功能区、若尔盖草原湿地生态功能区、甘南黄河重要水源补给生态功能区、祁连山冰川与水源涵养生态功能区、南岭山地森林及生物多样性生态功能区。

26. **水土保持型**:主要指土壤侵蚀性高、水土流失严重、需要保持水土功能的区域。包括黄土高原丘陵沟壑水土保持生态功能区、大别山水土保持生态功能区、桂黔滇喀斯特石漠化防治生态功能区、三峡库区水土保持生态功能区。

27. **防风固沙型**:主要指沙漠化敏感性高、土地沙化严重、沙尘暴频发并影响较大范围的区域。包括塔里木河荒漠化防治生态功能区、阿尔金草原荒漠化防治生态功能区、呼伦贝尔草原草甸生态功能区、科尔沁草原生态功能区、浑善达克沙漠化防治生态功能区、阴山北麓草原生态功能区。

28. **生物多样性维护型**:主要指濒危珍稀动植物分布较集中、具有典型代表性生态系统的区域。包括川滇森林及生物多样性生态功能区、秦巴生物多样性生态功能区、藏东南高原边缘森林生态功能区、藏西北羌塘高原荒漠生态功能区、三江平原湿地生态功能区、武陵山区生物多样性及水土保持生态功能区、海南岛中部山区热带雨林生态功能区。

29. **生态廊道**:从生物保护的角度出发,为可移动物种提供一个更大范围的活动领域,以促进生物个体间的交流、迁徙和加强资源保存与维护的物种迁移通道。生态廊道主要由植被、水体等生态要素构成。

30. **生态孤岛**:物种被隔绝在一定范围内,生态系统只能内部循环,与外界缺乏必要的交流与交换,物种向外迁移受到限制,处于孤立状态的区域。

结 语

中研智业集团是我国专业从事政府咨询产业化运营的集团股份公司，其定位于“中国县域经济综合解决方案提供商”和“中国市县空间规划创新引领者”。近年来公司深耕空间规划(多规合一)专业领域，经过多方考察交流、多轮系统学习、多次专题研讨，通过承担省级空间规划课题方案研究制定、市县及开发区“多规合一”多个项目案例实践，形成了较为成熟的技术体系和经验积累。同时，在已出版9部专著的基础上，编著《空间规划(多规合一)百问百答》《空间规划(多规合一)综合解决方案》《图解“多规合一”》《空间规划研究》专著，并整理《空间规划(多规合一)政策法规文件汇编》、研究编制《空间规划(多规合一)技术文件汇编》等，已成为我国市县空间规划(多规合一)专业领域的创新引领者。

在当前全国空间规划试点和改革的重要时期，要把有些问题说清楚、说准确、说定性是一件比较困难的事情，为此我们经过了系统的政策、技术梳理研究，以问答的形式解决目前遇到的普遍存在且难以解答的问题。大部分认识回答来源于我们对国家目前已出台的相关法规文件的研究学习和解读，来源于我们承担多个空间规划、“多规合一”项目的学习创新、试点实践、延伸理解和感悟总结。因此，本专著内容观点仅一家之言。此成果的形成调动了我集团公司研究院、规划院、林科院、旅游院、工程院等相关专业机构的技术骨干力量，同时请教了国内政策、业内技术权威专家、院校及技术协作机构相关人员，在此一并致谢！行百里者半九十，未来我们将更加深入理论学习、技术创新、实践总结，为各级政府提供更为科学、务实的空间规划(多规合一)综合解决方案。

樊 森

2018 年 4 月